私たちは時空を超えられるか

最新理論が導く宇宙の果て、
未来と過去への旅

松原隆彦

はじめに

　本書は、豊富なイラストや写真を眺めながら、「宇宙について考えること」を楽しむ本です。時間や空間を自由に旅するかのように、宇宙について考えていきます。知識を得て学ぶというだけでなく、とにかく楽しい読み物にしたいと思いながら書きました。

　近年、宇宙に関する新書や単行本などがよく出版されていますが、その多くは「宇宙とはどういうものなのか」を解説することに主眼を置いています。筆者もそういう本をいくつか書きましたが、宇宙について知りたいだけでなく、宇宙について考えることそのものを楽しみたいという読者も多いと考えています。

　そこで本書では、おのおのの知識量に関係なく、地上とは全く異なる世界に思いを馳せられるよう、イラストと写真を交えて文章を綴っています。

　もちろん、それを楽しむために必要な知識についてはやさしく解説してあるので、読者は宇宙について何も知らなくても問題ありません。取り扱っている内容の中には、少し難しく感じるものがあるかもしれませんが、そういうところは説明を飛ばして、結論だけ読んでもらっても十分楽しめると思います。

はじめに

　本書では、大きく分けると3つのテーマに沿って、話を展開してあります。

　最初は時間について。タイムマシンで未来や過去へ向かうことができるのか、という話題について想像を交えつつ、物理学的な根拠に基づいてお話ししていきます。

　次は空間について。地球を飛び出して宇宙へ行くことを思索します。宇宙の果てには何があるのか、究極の宇宙船を使って旅することを考えていきます。

　最後に時間や空間を超えたところに何があるのかについて。ここからは推測の世界になりますが、物理学的に見て極端に荒唐無稽とならない範囲で、ありうる可能性をお伝えしていきます。

　読者が本書を読み終えたとき、宇宙に対する親近感ができるだけ増していますように！

2018年9月　松原隆彦

CONTENTS

はじめに 2

● 第1部 6

1 昔に戻りたいというあなたへ 8
昔に戻ることができれば／未来の記憶／ドラえもんのタイムマシン

2 未来へ向かう 13
未来へ向かうタイムマシンは原理的に可能／相対性理論のウラシマ効果とは／わずかなウラシマ効果はいつも起きている／空から降るミュー粒子はタイムトラベラー／遠くの宇宙への観光旅行／宇宙の往復旅行計画と1G宇宙船／1G宇宙船とウラシマ効果／通常のロケットは莫大な燃料が必要／燃料を運ばない宇宙船／乗り越えるべき技術的な課題は多い／10年間の往復旅行／20年間の往復旅行——340年後の世界／30年間の往復旅行——4500年後の世界／40年間の往復旅行——6万年後の世界

3 過去へ向かう 45
時間を戻れてこそのタイムマシン／光がまっすぐ進まない／時間と空間のゆがみが重力をもたらす／極端に時空がゆがむブラックホール周り／ワームホール／人間が通れるようなワームホールは作れるか／物理学的にワームホールは可能／ワームホールはタイムマシンになる／過去へ戻るには時間軸を輪っか状にする／本気でタイムマシンの製作を考える研究者／レーザー光を組み合わせたタイムマシン

4 過去へ戻ると矛盾するか 64
過去へ戻ることについての矛盾／ホーキングの時間順序保護仮説／ポルチンスキーのパラドックス／ノビコフの自己無矛盾原理／ボールの動きを予測できなくなる／ワームホールの出口と入口の間だけにある軌道／人間を過去へ送り込む／自分の本を剽窃する／量子力学が矛盾を解くのかも／複数の現実が共存するとき／人間が観察すると2つの現実は共存しない／量子力学の多世界解釈におけるボールの軌道／多世界解釈と親殺しのパラドックス／自分の本を剽窃できてもおかしくはない／タイムマシンと人間の自由意思

● 第2部 ... 86

5 できるだけ遠くへ行きたいあなたへ ... 88
私たちは地球にへばりついている／月への旅行／火星への旅／金星と水星への旅／木星と土星／天王星と海王星、「惑星」でなくなった冥王星

6 太陽系の外へ行く ... 102
太陽系を飛び出す／私たちから一番近い恒星／ハビタブル・ゾーン／惑星プロキシマb／プロキシマ・ケンタウリ星への旅行計画／トラピスト1星／トラピスト1星への旅行計画／ケプラー90星／ベテルギウス／わし星雲、「創造の柱」／パルサー／はくちょう座X1／天の川銀河の中心──超巨大ブラックホール

7 銀河系の外へ行く ... 132
隣の銀河系へ／M78星雲／M87星雲／いろいろな形をした銀河／おとめ座超銀河団、グレートアトラクター／宇宙の大規模構造／観測可能な宇宙の果て

8 宇宙はどこまで広いのか ... 151
海の向こうには／人間は自分の場所を中心に考える／宇宙はどこにあるのか／宇宙が無限に広かったら／無限はどんな数よりも大きい／無限に広い宇宙には何があるか／この宇宙に多重の現実が存在する可能性／量子力学が示す多重宇宙／宇宙は膨張している／どこも同じような構造をしているのはなぜか／インフレーション理論／インフレーション理論と多重宇宙

● 第3部 ... 170

9 時空を超えたその先には ... 172
人間原理の宇宙論／生命に必要な炭素と酸素がこの宇宙にある理由／弱い人間原理と強い人間原理／強い人間原理を弱い人間原理にする多重宇宙／多重宇宙だけが答えではない／イット・フロム・ビット／人はシミュレーション・ワールドに住んでいる?／すべては情報処理の結果にすぎない?／時空を超えたその先には

付録 相対論的な宇宙船での往復旅行を計算 ... 185

索 引 ... 189
参考文献 ... 190

SB Creative

第1部

時空とは時間と空間を合わせたもののことだ。まずは時間について考えてみよう。時間は空間と違って、過去から未来へと一方向へ決まった速さで進むことしかできない。だが、本当にそうだろうか。なんとかして時間を自由に行ったり来たりするタイムマシンを作れないものだろうか。そのような望みを抱く人は多いはずだ。

驚くべきことに、物理の法則はタイムマシンの存在を否定しているわけではない。未来へ行ったり過去へ戻ったりすることがどういうことなのか、詳しく考えてみる旅に出ることにしよう。

1 昔に戻りたいというあなたへ

1.1 昔に戻ることができれば

　できることなら、昔に戻りたい。誰でもそんな感情にとらわれることがあると思う。今がこれまでの人生で最大のピークだという幸せな瞬間でなければ、今の自分よりも昔の自分の方がよかったと思うこともあるだろう。その頃の昔の自分に戻れたらどんなによいだろう。そんな後ろ向きの感情が何も生み出さないことはわかっているが、過去への追憶はいつも甘くて切ない。なんとか昔に戻れないものだろうか。

　昔はよかったと思うのが人の常だが、悪い出来事を忘れてしまっているのも事実だろう。楽しかったことや嬉しかったことを考えると気分がよくなるので繰り返し思い出すが、嫌なことを思い出すと気分が悪くなるため、自然とそれを避けてしまう。そのうちに、よい思い出だけが増幅されて、過去がとても綺麗に装飾されていく。本当に昔に戻ってみれば、そんなによいものではないかもしれない。

　もし、過去に人生を左右するような、取り返しのつかない大失敗をしてしまったことがあるなら、なんとかしてその前に戻りたいと思うだろう。人生というのは往々に、ささいなことによって、よくも悪くも左右されてしまうものだが、それが致命的なものであればあるほど、なんとしてでもやり直したいと切望する気持ちになるのは避けがたい。

　時間を巻き戻してみたいというのは、今は決して叶うことのない願いだ。だが、時間というのは絶対に戻らないのだろうか。

過去へのノスタルジー

　過去に戻れないことは、普段生活していく中で疑問に思うことなく、受け入れてしまっている。しかし、よく考えてみれば、そのわけを知りたくなってくるものだ。

　道を間違えたら、今来た道を戻って、出発点からやり直すことができる。だが、同じように過去の時間に戻ってやり直そうとしても、そういうわけにはどうしてもいかない。空間を自由に行ったり来たりすることはできるが、時間を自由に進んだり戻ったりすることは、どうしても叶わないのだ。

　物理的には、時間は空間と同じように、出来事を数値で表す次元の1つとされているが、それでも時間の性質は、空間の性質とは決定的に違う。時間は過去から未来へ一方向にしか流れない。自分から見れば、時間は未来から否応なしにやってきて怒涛のように過去へ流れていく。そんな融通のきかない時間とは、いったいなんなのだろう。

1.2 未来の記憶

　もし本当に過去の自分に戻ることができるとすれば、いろいろとつじつまが合わなくなる。本当に自分の時間を巻き戻せた人がいるとしたら、何が起きるだろうか。

　まず、この人は未来の出来事を記憶していることになる。もし過去に戻っても、その後に起きる出来事を記憶していないのならば、それは過去に戻ったとは言えなくなる。何も知らずにその後の人生を繰り返すだけだ。過去に戻ったと言うためには、戻る時点よりも未来の記憶とともに戻ることが必要なのだ。

　通常、人間は過去を記憶しているが、未来は記憶していない。だがこの人は、驚くべきことに、未来を過去と同じように記憶している。人生の岐路に立たされたとき、自分の記憶とは違う方向へ進んだらどうなるだろうか。その時点で、自分の未来の記憶とは違う道を歩み出すことになるだろう。

未来を記憶している人

それ以後は、自分の持っている未来の記憶は正しくなくなる。自分の記憶の中にある世界は、どこかへ行ってしまい、異なる現実を生きるしかない。パラレル・ワールドに迷い込んでしまうのだ。

　結局、過去の自分に戻れたとしても、その後の自分は自分の記憶にある人生を歩めないだろう。未来の記憶が過去の自分を元の自分とは違う自分にしてしまうからだ。それはもはや、過去を懐かしんでいる今の自分とは違う別の人間だ。そこから時間が進んでも、過去へ戻る前と同じ自分になることはないだろう。

　過去に戻る方法があったとしても、それは最初にあった現在という場所へは決して到達しない、片道切符になってしまうだろう。単に過去の自分を懐かしむだけでなく、本当に戻ることを真剣に考え出すと、そんな不思議な疑問がいくつも湧いてくる。

1.3　ドラえもんのタイムマシン

　それでは、ドラえもんが持っているような、タイムマシンはできないものだろうか。過去の自分に戻るのではなく、今の自分のまま、過去や未来へ行くのだ。そうすれば、過去の人生で大失敗を犯したとしても、自分で自分にアドバイスできる。今は、タイムマシンの実現など夢物語かもしれないが、いつか可能になる日が来るかもしれない。科学技術の発展は、今まで不可能だったことを可能にしてきたのだから。

　ドラえもんは2112年生まれで、すでに2008年にはタイムマシンが発明されているという設定だ。残念ながら現実には、2008年にタイムマシンは発明されなかったし、これから近いうちに発明されそうもないが、もしずっと遠い未来の人類が十分な技術を持ったらどうだろうか。

　ドラえもんのタイムマシンは、過去から未来まで、どの時代

へも自由に行き来できることになっている。普通、タイムマシンといえば、だいたいこのようなものがイメージされる。

　だが、こうしたタイムマシンを使うと過去を変えてしまうことができるので、その結果、現在の世界も変わってしまい、やはりつじつまが合わなくなる。ドラえもんの話では、この辺の事情はあいまいだ。のび太の孫の孫であるセワシくんは、のび太の人生をよくするために未来からやってきた。のび太はジャイ子と結婚するはずだったのに、セワシくんによって、しずかちゃんと結婚するように仕向けられる。

　すると、ジャイ子の子孫であるセワシくんは存在しないはずだ。だが、ドラえもんの設定では、なぜかそれでもセワシくんがしずかちゃんの子孫として存在し続けることになっている。そんなことがどうして可能なのだろうか。

　過去へ行くタイムマシンがあるとすれば、過去の自分に戻ることを考えたときと同じく、とても奇妙な疑問が次々と湧いてくる。

『ドラえもん 20（藤子・F・不二雄大全集）』（小学館）。おなじみの「ひみつ道具」、タイムマシンがカバーに描かれている

2 未来へ向かう

2.1 未来へ向かうタイムマシンは原理的に可能

　タイムマシンといえば、空想小説の中だけでの話だと思うかもしれないが、実際にはそうとも言い切れない。タイムマシンが現実的に可能かどうかを、物理学の立場から考えてみよう。物理学は、自然界の根本的な法則や原理を見つけようとする学問だ。物理学の法則を破るような技術は決して実現できないが、そうでなければ、人間の持つ技術の革新的な進歩によって可能性が開けるかもしれない。

　タイムマシンが物理学の法則に反していれば、どんなに技術が進歩しても原理的に作れないことになる。けれど実は、未来へ行くタイムマシンであれば、物理学の法則に反することなく作ることが、原理的に可能だ。人間のように大きなものをはるかかなたの未来に送り込むことは、まだ技術的に難しい。だが、もっと小さな粒子を少し未来へ送り込むことは容易である。私たちが気づいていないだけで、それは実際に日常的に起きているのだ。

　まず、これは当たり前のことではあるが、私たちは何もしなくても、1秒あたり1秒の速さで未来へ向かって移動している。見方によっては、時間の進み方が一定の、コントロールできない一方通行のタイムマシンに乗っている。そのこともよく考えると不思議なことではあるが、当たり前の日常であって、これは最もつまらないタイムマシンだ。それは単に自然な時間の流れであり、私たちが考えたいようなタイムマシンではない。

　曲がりなりにも未来へ向かうタイムマシンと呼ぶためには、

自分の体が1秒間だと感じる間に、周りの世界の時間の流れが1秒より速く進むべきである。例えば、自分の体が1秒間だと感じる間に、周りの世界の時間が1年分進めば、1年後の未来へあっという間に行くタイムマシンが使えたということになる。そのようなものがあれば、10秒で10年後の世界、100秒で100年後の世界へタイム・トラベルができる。

そのようなタイムマシンは、物理学の原理に反していない。これは、アインシュタインが発見した相対性理論というもので説明できる現象なのだ。この理論によれば、動いている物体は止まっているものから見て、時間の流れが遅くなる。だが、私たちが日常的に経験するような速さでは、その時間の違いは小さすぎて実感することはできない。時間の流れが体感できるほどに遅くなるのは、動く速さが光速（光の速さ）に近づいた場合だ。これは相対性理論の「ウラシマ効果」として知られる現象である。光速は秒速30万 kmで、今あるどんな乗り物に乗っても経験できないほどの速さだ。

アインシュタインは、動いている人の時間の流れが相対的に遅くなることを示した

2.2 相対性理論のウラシマ効果とは

　原理的には、光速に十分近い速さでどこかを旅行して戻ってくれば、その人に流れる時間は極端に遅くなる。例えば、速く動いた人には3年間しか経っていないように感じられても、周りの世界では何百年も経っている、というようなこともありうる。

　相対性理論は、20世紀初頭にアインシュタインによって発見された物理学の法則である。この理論が実際の世界を正しく表していることは、実験的にも十分に確かめられていて、それに反する現象は見つかっていない。もし浦島太郎が龍宮城で過ごしている間、実はとんでもない速さで宇宙旅行をしていたとすると、浦島太郎の荒唐無稽な話も物理法則から見てありえることなのである。

　だが、十分なウラシマ効果を得るには、光速にとても近い速さで動く必要がある。例えば、時間の流れの速さを2分の1にしようと思ったら、光速の87%の速さが必要だ。

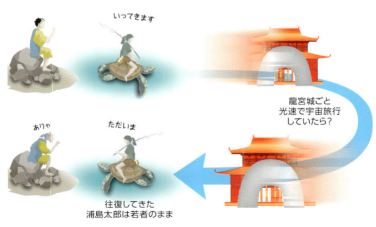

龍宮城が光速の99.999%の速さで宇宙空間を行って戻ってきていたら……

浦島太郎の話では、浦島太郎が龍宮城で3年過ごす間に、もともと住んでいた世界では700年が経過していたという。時間の流れの速さは龍宮城の約233倍だ。これが相対性理論のウラシマ効果で実現されているとすると、その間、浦島太郎は龍宮城もろとも光速の99.999%の速さで宇宙空間を移動していたことになる。もし浦島太郎の話が本当にあったのならば、浦島太郎は宇宙人に連れ去られて宇宙旅行をしてきたのではないか、と言われるわけだ。

　浦島太郎の時代は言うに及ばず、現代であってもそんな速さで移動する技術を私たち人間は持ち合わせていない。ジェット旅客機でさえ、せいぜい光速の0.0001%ほどしか出せない。この場合にもわずかながらウラシマ効果は起きているのだが、その時間の流れる速さの差はわずか0.00000000004%ほどにすぎず、人間にはとても感じることができないほどの差だ。

　ただし、浦島太郎が相対性理論のウラシマ効果で未来へ行ったのだとしても、過ぎ去った年月が玉手箱に閉じ込められていることはない。未来に行っても急に年を取ってしまうことはなく、その未来の世界で若いところから順当に年を取りつつ生きていくことになる。乙姫様がくれたという玉手箱には、相対性理論とはまた別の、現代科学では解明できない、何か恐るべき老化薬が入っていたのだと思われる。

年月は箱に閉じ込められない

2.3 わずかなウラシマ効果はいつも起きている

とはいえ、どんな速さで移動しても、ウラシマ効果はわずかながら起きている。現代では東京から大阪まで新幹線で移動するのも日常的なことだが、その距離は500kmあまり。単純に考えるため、この距離を時速250kmで途中どこにも止まらずに走ったとしよう。名古屋と京都をすっ飛ばしてしまうので、そこに住んでいる人たちには不愉快かもしれないが、それだと所要時間はちょうど2時間だ。

すると、新幹線に乗っている人の時間は、止まっている人に比べて50億分の1秒、つまり0.2ナノ秒だけ遅くなる。人間にはそんな短い時間差を感じることはできないが、確かにそれだけ未来へ行ったことになるのだ。東京から大阪へ日帰り出張をすれば、その日の時間は24時間よりも0.4ナノ秒ほど短くなっている。

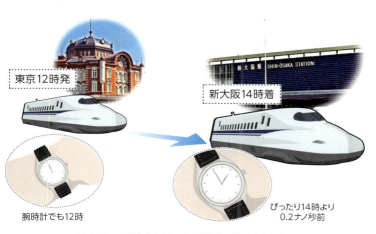

時速250km、途中停車なしで走る新幹線に乗ったとすれば……

これを何度も繰り返せば、周りの人たちよりも少しだけ若くなる。もし1年分、若くなりたければ、10京回ほど往復すればよい。だが、そんなことをするには何十兆年も新幹線に乗り続けなければならず、現実的でない。もっと効率よく時間を進めるには、さらに移動スピードを上げる必要がある。だが地上には空気抵抗があるので、いくら速く移動するといっても限界がある。

　これまでのところ、人類で最も長い間高速で宇宙空間を移動した人は、ロシアの宇宙飛行士ゲンナジー・パダルカだ。彼はミール宇宙ステーションや国際宇宙ステーションで5回の長期滞在を経験し、通算879日ほどを宇宙空間で過ごした。その間、時速2万7000 kmほどで宇宙空間を周回していたため、これまでの彼の人生で経験した時間は、他の人々と比べて0.02秒ほど短い。つまり、879日をかけてわずか0.02秒だけ未来へ行ったことになるのだ（重力の影響によって地上の時間も多少遅れるが、この場合はウラシマ効果の方が大きい）。

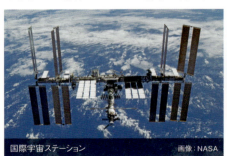
国際宇宙ステーション　　　画像：NASA

ゲンナジー・パダルカ
宇宙飛行士　　　画像：NASA

　まだまだこんな短い時間では、かかった時間よりも進んだ時間の方が短いので、未来へ行ったと言うにはちょっと無理がある。だが、それも程度問題だ。もっとずっと速く移動すれば、かけた時間よりもはるかに進んだ未来へ行くことができる。こ

れは単に速さだけの問題である。繰り返すが、未来へ行くことは、物理学の法則に反することなく可能なのだ。

2.4 空から降るミュー粒子はタイムトラベラー

実際、人間を乗せた宇宙船のように大きなものを光速に近い速さで移動させるのは難しいが、もっと小さな粒子なら容易に光速に近い速さで移動させられる。宇宙空間には、粒子でできた宇宙線という放射線が飛び交っていて、その粒子はほぼ光速に近い速さで動いている。宇宙線が地球に突入すると、地球を取り巻いている大気と反応して、元の粒子とは異なる、様々な粒子に変化する。中でもミュー粒子という素粒子が地上にたくさん届く。

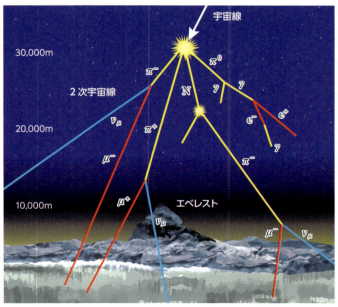

宇宙線から様々な粒子が生成されて、特にミュー粒子が多く地上に届く

ミュー粒子とは、マイナスの電気を帯びていて、電子によく似た粒子だ。電子よりも200倍あまり重いのだが、それ以外の性質は電子にそっくりな粒子である。ただ、電子と違ってミュー粒子は安定して存在できず、寿命がとても短い。生まれてもすぐに壊れて、電子やニュートリノという別の粒子に変化してしまう。このため私たちの身の回りにはあまりなく、名前を聞く機会は少ないだろう。

　宇宙線から新しく生まれたミュー粒子は、平均して2マイクロ秒程度で壊れてしまう。1マイクロ秒とは100万分の1秒のことだから、言い換えればミュー粒子は50万分の1秒しか生きていられない。大気中で生まれたミュー粒子の速度は、ほぼ光の速さに近い。1秒間に約30万kmだ。したがって、ミュー粒子が地上から見ている人間と同じ時間を感じているならば、進める距離は30万kmの50万分の1になる。すなわち600mほどしか進めないはずだ。

　ところが、実際のミュー粒子は、大気中を約10kmも進んで地上に到達できる。これは、ミュー粒子が光速に近い速さで進むことによりウラシマ効果が働き、ミュー粒子にとっての時間の進み方が地上における進み方よりもずっと遅くなるためだ。ミュー粒子にとって自分の寿命は変化していないのだが、地上から見るとその寿命が大きく伸びて見えるのだ。

　視点を変えて、もしミュー粒子と一緒に移動したとすれば何が起きるだろう。実は、猛スピードで動いているミュー粒子からすれば、周りの世界が進行方向へひどく縮んでしまう。つまり、私たちにはミュー粒子が10kmほど進んだように見えても、ミュー粒子にとってはそれが100mかそこらにしか見えないのである。このためミュー粒子は、自分の寿命の範囲内で地上へ到達できる。

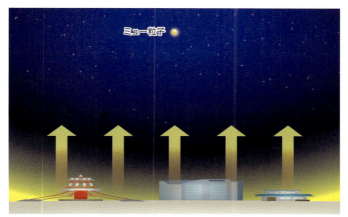

ミュー粒子から見ると、周りの景色が進行方向へひどく縮んで近づいてくる

　この話は、初めて聞くと何か矛盾しているように聞こえるかもしれない。だが、これは実際に起きていることなのだ。相対性理論によると、猛スピードで動いているもの同士は、お互いに異なる時間の流れと異なる空間の尺度を感じることになる。私たちはそんな猛スピードで動くことがないため、経験に基づいて考えると非常識なことに感じられる。だが、論理的にはそこに何の矛盾もないし、現実の世界はそうなっている。

　つまり、上空で宇宙線から生まれたミュー粒子は、地上とは違う時間の流れと空間の尺度の中を進む。相対性理論のウラシマ効果がなければ、地上から10kmの上空で生まれたミュー粒子は、地上に到達する前にその寿命を終えてしまうだろう。ところが、光速に近い速さで移動することによって、1秒あたり1秒しか進まないはずの地上の時間の流れから解放され、自分の寿命よりも未来の時間へ降り立つことができる。ミュー粒子は地上に降り立ったタイムトラベラーなのだ。

2.5 遠くの宇宙への観光旅行

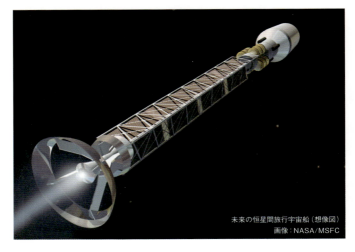

未来の恒星間旅行宇宙船（想像図）
画像：NASA/MSFC

　ミュー粒子と同じように、光速に近い速さで人間を動かすことができれば、ウラシマ効果によって未来へ行くタイムマシンができあがる。とても速い宇宙船を使い、宇宙空間を遠くまで旅行して帰ってくれば、地球上の時間はかなり進んでいる。しかも、この旅行は未来へのタイムマシンとなるだけでなく、遠くの宇宙への観光旅行も兼ねている。

　これを実現するには、光の速さに匹敵するほど速い宇宙船が必要だ。だが、止まっている状態から急激に速度を上げると、中にいる人に大きな力がかかる。車や電車が加速するとき、後ろに押される感覚があるが、この力を物理学では「慣性力」という。物体の速度を変化させるとき、その物体には力が働くのだ。あまりに急激に加速すると、慣性力が大きくなりすぎ、人間の体がそれに耐えられなくなってしまう。

この慣性力は、大きすぎると人間にとって害が大きいが、適度な大きさであれば、かえって好都合だ。なぜなら、慣性力は重力と同じ性質のものだからだ。

　宇宙空間は無重力なので、自分自身やすべての物体がふわふわして、地球の重力に適応した人間にとっては住みにくい。また、重力がなければ、人間の筋力はすぐに衰えてしまう。そこで、宇宙船を加速させて生まれる慣性力を、地球上の重力と同じぐらいの大きさに調節しておけばよい。すると宇宙船の中でも無重力にならずに地上と変わらない環境を実現でき、快適に生活できる。

　そのためには、宇宙船の速さが1秒あたり9.8m/s（/sは毎秒）ずつ増えるように加速すればよい。つまり加速度$9.8\,\mathrm{m/s^2}$である。これは、地上で物体が落下するときと同じ加速度だ。この加速度$9.8\,\mathrm{m/s^2}$を「地球の重力加速度」といい、1Gという記号で表す。1Gで加速する物体には、地球上での重力と同じ力が働く。そして、宇宙船の加速度を1Gに保ちながら1年間も続けて進めば、かなり光の速さに近づくことができる。

宇宙船を1Gで加速すると、地球の重力と同じ力が働くので、快適に過ごせる

2.6　宇宙の往復旅行計画と1G宇宙船

　ここで、1秒間に9.8m/sずつ速さが増えるとして単純に計算してみよう。すると、1年後には9.8m/s²×60秒×60分×24時間×365日という計算の結果、31万km/sほどになる。光速は30万km/sだから、光の速さを超えている。だが、この計算は正しくない。相対性理論ではこういう単純な速度の増え方をしないのだ。光速に近づけば近づくほど加速しにくくなり、光の速度に到達するには無限の力を必要とする。したがって実際には、光の速さを超えることは決してない。

　相対性理論の効果を正しく取り入れて計算すると、地球から見た1年後のこの宇宙船の速さは光速の72%ほどになる。これだけ速いと、ウラシマ効果が発揮されてくる。こうして、地球の重力加速度で年単位の宇宙旅行を続ければ、けっこう未来へ行くことができるのだ。

　こうした未来へ向かう宇宙旅行をするのに、宇宙船の速さは速ければ速いほどよいが、あまりにも速くなってしまうと、目

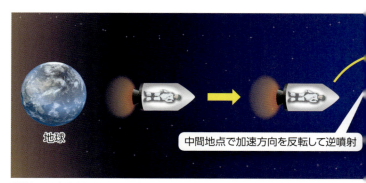

目的地までの中間地点で加速と減速を切り替えると、ずっと1Gの環境が保たれる

的地で止まるのが困難になる。普通の乗り物でもそうだが、加速するばかりでは勢いあまって目的地を通り過ぎてしまうのだ。止まるためには減速しなければならない。だが急激に減速すると、やはり慣性力で体が押しつぶされてしまうので、急ブレーキは厳禁だ。減速中にも地球の重力加速度1Gがかかるようにすれば、力の向きは逆だが、加速中と同じようにほどよい重力が宇宙船内に実現される。

この宇宙旅行の間、宇宙船内にいつも1Gがかかるようにするためには、目的地までの中間地点で加速から減速に切り替えればよい。つまり、出発時に止まっていた宇宙船を1Gで加速しながら目的地に向けて進み、中間地点で最大の速さになった後、そこから目的地までは減速し続ける。こうして宇宙旅行の間ずっと地球上と同じ重力が働くような、快適な環境を作り出すことができる。

目的地から帰るときには、同じようにして今度は地球に向かって1Gで宇宙船を加速しながら進み、中間地点で1Gの減速に切り替える。こうすると地球で止まることができ、首尾よく地球に帰ってこられるのだ。

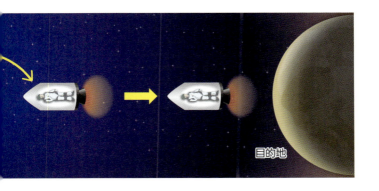

このような往復旅行を行えば、相対性理論のウラシマ効果がきいて、未来の地球に降り立つことができる。このように常に1Gの加速度を保ちながら往復旅行する宇宙船を、以降「1G宇宙船」と呼ぶことにしよう。

2.7　1G宇宙船とウラシマ効果

相対性理論のウラシマ効果が発揮されるには、この1G宇宙船の速さがかなり光速に近くなる必要がある。そのためには少なくとも数年程度の時間が必要だ。

1G宇宙船は、目的地までの中間地点で最高速度に達する。この旅行を往復1年だけ行うとすると、最高速度は光速の25％程度にしかならず、相対性理論のウラシマ効果で稼げる時間差は1％程度だ。1年かけて4日ほどしかスキップできない。かかった時間の方がスキップできた時間よりも長いので、あまりタイムマシンという気がしないだろう。

かけた時間よりもスキップできる時間の方が長くなるには、どれくらいの時間が必要だろうか。それには8年以上かかる。ちょうど10年間の往復旅行をすれば、15年間ほど時間をスキップでき、地球上の時間は25年ほど過ぎ去っているのだ。20歳で出発して30歳で戻ってくれば、同級生はみな45歳になっている。自分だけ15歳も若い状態になる。

この旅行では、時間をかければかけるほど、はるかに遠い未来へも行くことができる。最高速度が光速に近くなるとともに、光速に近い速さでいる時間が伸びて、相対性理論のウラシマ効果が強くなるからだ。数十年もかければ劇的に地球の時間が速く過ぎ去る。10年の旅行では15年間しか時間をスキップできなかったが、20年かけた旅行では320年近くスキップでき、30年

かければ4000年以上もスキップできる。旅行時間を10年増やすごとに、スキップできる時間は桁違いに増えていく。

下の表は、この1G宇宙船による宇宙往復旅行によって、どれくらい未来の地球に行けるのかを計算した結果である。この数値を計算する方法に興味がある読者のため、本書巻末の付録（p.185）にその計算式を掲載する。

表　1G宇宙船で往復すると、未来の地球へ行ける

往復所要時間	地球の経過時間	最大到達距離
1年	1年4日	0.065光年
2年	2年1か月	0.26光年
3年	3年4か月	0.61光年
4年	4年9か月	1.1光年
5年	6年6か月	1.8光年
6年	8年8か月	2.8光年
7年	11年6か月	4.1光年
8年	15年0か月	5.8光年
9年	19年7か月	8光年
10年	25年	11光年
20年	338年	167光年
30年	4464年	2230光年
40年	5万9000年	2万9500光年
50年	78万年	39万光年
60年	1030万年	514万光年
70年	1億3600万年	6790万光年
80年	18億年	9億光年

2.8 通常のロケットは莫大な燃料が必要

　1G宇宙船を使うと、原理的にはかなり未来の宇宙へ行くことができる。「原理的に」というのは、物理法則に逆らわずに可能だという意味だ。ただ、実際にこのような宇宙船を作るには、多くの技術的な難題をクリアしなければならない。

　最も大きな問題となるのは、燃料をどうするかということだ。宇宙空間には足がかりになるようなものがない。通常のロケットでは、後方に物質を噴射し、その反動で前方への推進力を作り出す。ロケット打ち上げの映像を見ると、ものすごい勢いでロケットエンジンから高温のガスが噴射されているのがわかるだろう。

　足がかりになるようなものがない宇宙空間では、後ろへ噴射するための物質と燃料を失いながら推進力を得るしくみになっている。

衛星などを打ち上げるのに使われる、日本の主力大型ロケットH-IIA（写真は37号機）。重さの90％は燃料と、宇宙でそれを燃やすのに必要な酸化剤
画像：三菱重工／JAXA

このため、推進力を出すために必要な燃料の消費量がとても大きく、最初に莫大な燃料を積んでおかなければならないのだ。燃料を運ぶためにほとんどの燃料を消費するという皮肉な結果となる。地球上から宇宙へ打ち上げるロケットの重さの大部分は燃料が占めている。

1Gの加速を何十年も行うとなれば、現状の化学エネルギーを使うロケット技術では、実際に運びたい本体の何兆倍をはるかに超える燃料が必要となる。仮に原子力エネルギーを使うロケットが発明されたとすれば、多少事態は改善する。それでも数年間の旅行が精一杯であろう。

NASA（アメリカ航空宇宙局）は1950年代から1960年代にかけて、小型核爆弾を何度も爆発させながら進むロケットを開発しようとした（下の図）。これを使うと1年で冥王星まで往復できるとされた。だが、打ち上げ時の小型核爆弾による汚染物質が地球に降り注ぐなど、危険性が高く、計画は頓挫した。

1950〜1960年代、NASAの旧オリオン計画において、核爆発により推進するロケットが考えられた。現在のオリオン計画とは別物である
画像：NASA/MSFC

2.9 燃料を運ばない宇宙船

　燃料が莫大になりすぎる問題については、必要な燃料を一緒に運ばないというのが1つの解決方法だ。例えば、地球から宇宙船に向かって強力なレーザー光線を送り込み、そのエネルギーで宇宙船を加速させるというものがある。ただし、この方法は、宇宙船が光速に近づくと使えなくなる。受ける側でレーザー光線のエネルギーが弱まってしまうからだ。

　莫大な燃料を運ばないで推進力を得るため、燃料を航行途中で集めるという方法もある。宇宙空間というのは完全な真空ではない。主に水素でできた星間物質が漂っている。これを集めて核融合させて原子力エネルギーを取り出し、そのエネルギーで、集めた物質を後方から噴出して推進力を得る。この夢のようなロケットは核融合ラムジェット・エンジンと呼ばれ、1960年にロバート・バサードによって考えられた。光速に近い速さで進む宇宙船には、星間ガスが前方から大量に降り注いでくる。何もしなければ航行の妨げになるだけだが、これを燃料に使えるとなれば一石二鳥。

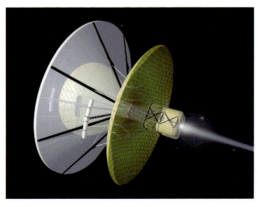

核融合ラムジェット・エンジンを使ったロケット（想像図）
画像：NASA/MSFC

2.10 乗り越えるべき技術的な課題は多い

　宇宙空間には、水素ガスの他にも様々なものが漂っている。光速に近い速さで進むなら、どんなに小さな物体にもぶつからないようにしなければならない。小惑星は言うに及ばず、砂つぶのようなものでさえ、まともに衝突すると破壊的な衝撃を受けてしまう。光速近くで進む宇宙船では、前方に障害物を見つけたとしても、速すぎてそれを避ける余裕はないだろう。何かとぶつかっても、その衝撃を受け流す技術を開発する必要がある。

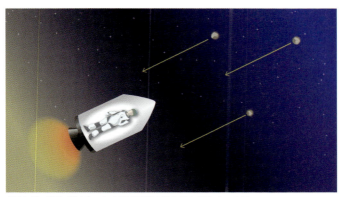

光速に近い速さで進むと、すべての障害物がその速さでぶつかってくる

　また、宇宙空間には宇宙背景放射と呼ばれる極めて弱い電波が充満している。宇宙のビッグバンのときに放たれた光の残骸（ざんがい）だ。ゆっくり動く宇宙船にはなんの影響もないが、光速近くで進む宇宙船には、前方から宇宙背景放射が強くぶつかってきて、非常に高温となってしまう。

　宇宙背景放射は絶対温度で約3K、つまりマイナス270℃ほどである。温度が低い電波は、ゆっくり動く宇宙船には何の害も

ない。だが、浦島太郎が龍宮城もろとも進んだと思われる光速の99.999％で宇宙船を航行させれば、前方に宇宙背景放射が集中し、その温度は1000℃近くになってしまう。さらに、4000年以上の未来へ行こうと30年の往復旅行をするなら、宇宙船の最高速度は光速の99.99996％ほどになり、この場合は6000℃近くにもなる。さらに旅行が長期間に及べば、1万℃以上になる。そんな高温に耐えられる物質は今のところ知られていない。効率よくその熱を逃がすメカニズムが必要だ。

このように、光速に近い宇宙船を実際に作るには、乗り越えるべき技術的課題が山積している。だが、難しいということは不可能と同じではない。いつかはこうした難題がクリアされる日が来るかもしれない。そんな日が来ると希望を持って、もしウラシマ効果を利用できる宇宙船が可能になったら何ができるかを想像してみよう。

2.11　10年間の往復旅行

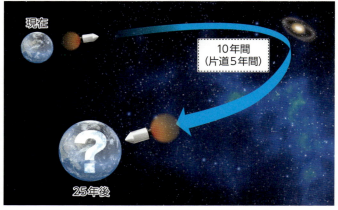

1G宇宙船で10年の往復旅行をすれば、地球上の時間は25年進んでいる

1G宇宙船に乗って10年間の往復旅行をして帰ってくれば、地球上の時間は25年進んでいる。10年かけて25年後へ行けても、タイムマシンと言うには少し物足りない。15年間ほど人生が先送りになるだけなので、元の自分の寿命よりも15年ほど後の世界を見ることができるだけだ。

未来を見たいという目的だけならば、危険を冒して宇宙旅行をしなくても、健康に気をつけて15年長生きできれば同じ効果が得られる。

今から25年後の世界はどうなっているだろう。逆に、今から25年前といえば90年代前半だ。携帯電話やインターネットが少しずつ使われ始めた頃で、社会にはほとんど普及していなかったというところが大きく違うが、生活様式が激変したと言えるところまでは変わっていないだろう。

だが、21世紀になってから、社会の情報化は凄まじい勢いで進んだ。今や日本でのスマートフォン普及率は8割近くになり、20代では9割以上の人がスマートフォンを使っている。10数年前には誰も持っていなかったのにだ。2007年にアップルが最初のiPhoneを売り出してから10年ほどでこの状況である。すでに人類はコンピュータなしでは日常生活がままならない時代へ足を踏み入れつつある。

さらに、便利な機能を持つソフトウェアの進歩も著しい。特に最近は人工知能の性能が驚くべき速さで向上している。スマートフォンに話しかければ人間の言葉を理解していろいろ教えてくれるし、写真を撮ればそこから情報を読み取って意味を教えてくれる。人工知能を搭載したコンピュータが将棋や囲碁でプロ棋士に勝ったりもしている。

人工知能がこのまま破竹の勢いで進歩すれば、今後25年で

生活が激変しているかもしれない。これについては2045年問題と言われるものがあり、人工知能が人間の知的能力をも追い越してしまう可能性がある。さらに、人工知能自身がさらに自分より優れた人工知能を作り出すことができるようになり、人間の理解が及ばないレベルの知的活動をし始めるだろう。

すると、現代社会における人間の地位が根本から覆され、コンピュータと人間の関係は新しい段階に入るだろう。アメリカのレイ・カーツワイルは、2005年に書いた著書の中で、この出来事が2045年頃に起きるのではないかとし、それを技術的特異点（テクノロジカル・シンギュラリティ）と呼んだ。

果たして2045年に技術的特異点は来るのだろうか。カーツワイルが予想したときから見れば40年後であったが、2018年現在から見れば25年強でそのときが来ることになる。その程度の期間で大変化が起きるかどうかはわからないが、可能性は無視できない。

人間の仕事の大部分は、原理的に人工知能に置き換えられてもおかしくはない。昔のコンピュータは決まりきったことしかできなかったが、近年、ディープラーニングと呼ばれるコンピュータの手法が急激に発達してきた。人間が学習して身につけなければできなかったようなことが、コンピュータにもできるようになってきたのだ。25年も経てば、人間の仕事の仕方がだいぶ変わっている可能性は高いと思われる。

25年もあれば、今は予想もつかない新技術が登場して、大きく社会を変えているかもしれない。今より格段に便利になっていることは確実だろう。それが技術的特異点と呼ばれる劇的な変化に結びついているかどうか、ぜひとも知りたいところだ。

グラフ　コンピュータの指数関数的成長

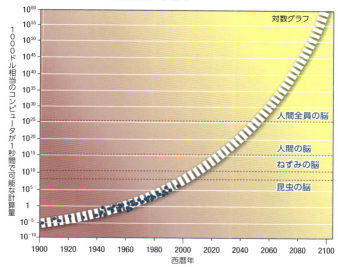

Ray Kurzweil "The Singularity Is Near"（Penguin Books, 2006）より抜粋・作成

2007年のRASカンファレンスで、技術的特異点について語るレイ・カーツワイル

画像：AFP＝時事

2.12 20年間の往復旅行―340年後の世界

1G宇宙船での往復旅行を20年間に伸ばせば、かなりのウラシマ効果が働く。10年では地球の時間は25年しか進まないが、20年では340年近くも経過するのだ。これは、宇宙船の最高速度が光速度にずっと近づくためだ。

この旅行では、170光年ほど先に行って戻ってくることになる。夜空に見える明るい星の多くはこの距離の範囲内にあるので、好きな星の近くを通って行くことが可能だ。地球に戻ってくれば340年が経過しているので、320年ほど時間をスキップしたことになる。出発前の友人や知人は生きていないだろう。

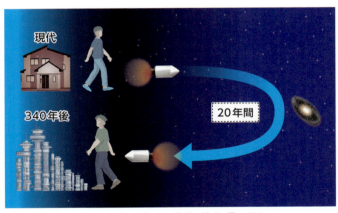

20年間の往復旅行で他の星へ行った後、340年後の地球へ戻ってくる

340年後の地球はどうなっているだろうか。今から340年前といえば、西暦1680年頃になる。日本は江戸時代の前半で鎖国していた。フランスは太陽王ルイ14世の治世で、アメリカはまだイギリスの植民地だった。

そう考えると、340年後の世界は国家体制もずいぶん変わっているかもしれない。アメリカやロシア、中国などの大国も存続しているかどうか。希望として、日本という国だけはぜひとも存続していてほしいものだ。

日本の人口は減少を続けていて、現在は年にほぼ0.2%ずつ減り続けている。この減少率は将来もっと大きくなり、このままいくと2065年頃までには、1年に1%ずつ人口が減ると予測されている（下のグラフ）。もし単純にそのまま1年に1%ずつ人口が減り続けた場合、300年で日本の人口は500万人足らずになってしまう。

グラフ　日本の総人口、人口増加率の現状および将来推計

国立社会保障・人口問題研究所『人口統計資料集』（平成29年推計）より抜粋・作成

生活はだいぶ変わっているに違いない。現代の技術進歩がかなりの速さであることを考えると、340年前と現代の違いより、さらに大きく変化しているであろう。

技術的特異点がそれよりはるか前に到来していても不思議ではない。人間が生活のために働くというシステムが続いているかも怪しい。よいか悪いかは別にして、人工知能が世界を動かしていることも十分に考えられる。そのとき人間はどういう形で人生を過ごすのだろうか。

2.13　30年間の往復旅行──4500年後の世界

さらにこの旅行を往復30年に伸ばしてみよう。30歳で出発したら、60歳で帰ってくることができる。60歳で出発しても健康に気をつければぎりぎり帰れるだろうが、静かに地球で暮らしたいという思いが強くなるかもしれない。出発は若い方がよいだろう。

往復30年の旅行では2200光年以上も先の宇宙に行ける。この範囲ではまだ天の川銀河の中だが、物珍しい天体を選んでそちらの方向へ観光旅行してみるとよいだろう。そして地球に帰ってくると4500年近い未来に行くことができる。

地球から2100光年離れたところにある、ヴェイル星雲。約8000年前にあった爆発の名残で、今も広がっている
画像：NASA/ESA/Hubble Heritage Team

4500年先の未来へ行けば、面食らうこと間違いなしだろう。人工知能が生命を駆逐しているかもしれないし、逆に現代文明が廃れているかもしれない。今から4500年前といえば、日本では縄文時代の後期だ。世界的には古代文明が栄えていて、エジプトではちょうどピラミッドが作られていた頃だ。

ギザのピラミッド群

4500年も経てば、現在の私たちの文明が継続してつながっているのかも疑問だ。多少文明が衰退していたとしても、人類が人工知能に駆逐されずに生き残っていてほしいものだが、その望みは叶えられるだろうか。

少なくとも、現在と同じような私たちの生活が4500年も続くことはないだろう。私たちが現在送っている生活は、化石燃料の大量消費に大きく依存しているからだ。スーパーマーケットへ行けば世界中から輸入された食品が並んでいるが、それらの中には飛行機と自動車などを使って短い時間で運んできたものもある。1週間もあれば、地球上で交通の整った大抵の場所からものを運んでくることができる。そういうことは、石油から作ったガソリン燃料がなければ実現不可能である。

自然エネルギーなどの代替エネルギー源が開発されても、石

油のパワフルさには及ばないだろう。石油や石炭というのは、過去何億年もかけて地球に降り注いだ太陽エネルギーの一部が地下に蓄積したものである。それを人間は100年ほどの時間スケールで一挙に使ってしまっているのだ。石油を大量消費する生活を何万年も続けられるわけではない。原子力エネルギーという手段もあるが、それもウランなど天然の燃料を必要とするわけで、遅かれ早かれいずれは枯渇する。結局、長い目で見ると、人類はもっと少ないエネルギーでなんとかしていくことになるだろう。

　全く予想もつかないような物流システムが開発されて、ほとんどエネルギーを使わずに世界中にものを運ぶことができるようになっているかもしれない。そうであれば、地球のどこへでもほとんど一瞬で行くことができる「どこでもドア」が発明されて、私たちが日常的に使っている乗り物などはなくなってい

現代型の物流を維持するには、石油などの化石燃料が欠かせない

るかもしれない。

　エネルギーを使わないためには、物流の量そのものを減らすという方法もある。そのため、大規模な物流を必要としない江戸時代のような生活に戻っているかもしれない。近年は持続可能な社会の実現が叫ばれているが、その方向性を追求すれば、情報社会と江戸時代の生活をミックスしたようなものになるかもしれない。

　あるいは、技術的特異点を超えた情報社会が極限まで進化し、人工知能と人間が一体化してしまうことも考えられる。そうなれば、そもそも移動することも必要なくなり、すべてバーチャルな世界でことが済んでしまうかもしれない。

　4500年後の人類が果たしてどういう生活を送っているのか、見てみたい気もするが、少し怖い気もする。

歌川広重『日本橋図会』で描かれた、江戸時代の日本橋。活気はあるが、現在のような大規模物流システムはない
所蔵：国立国会図書館

2.14 40年間の往復旅行—6万年後の世界

この旅行をさらに往復40年に伸ばしてみよう。読者の年齢にもよるが、十分に健康であれば今から出発してもなんとか生きているうちに帰ってくることも可能かもしれない。この往復旅行では、3万光年先まで行くことができる。この距離であれば、天の川銀河の中心部に行くことが可能だ。そして帰ってきたときには、地球の時間が約6万年も経過している。

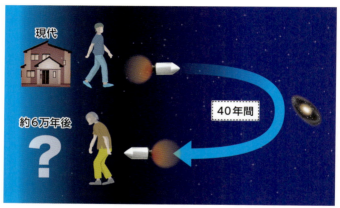

40年間の往復旅行で銀河系の中心部まで行った後、約6万年後の地球へ戻ってくる

6万年後の地球はどうなっているだろうか。6万年前の地球がどうだったかをヒントにしてみよう。人類の祖先がアフリカ大陸から世界中に広がり始めたのが、約6万年前とされる。その頃にはまだネアンデルタール人が生きていた。ネアンデルタール人は、現代の人類とは別系統の人類で、約4万年前に絶滅したとされる。この頃はまだ私たちの祖先である人類と共存していたと考えられる。

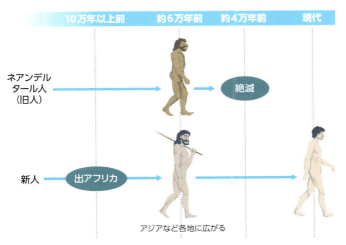

6万年前はネアンデルタール人が生きていて、現代の人類はまだ広がっていなかった

　そんな原始的な状態に生きていた人類が現代の文明を築き上げるまでと同じくらいの時間が、6万年という時間だ。現代社会を見ると、100年も経てば生活様式が予想できないほど変化するので、今から6万年後の人類がどんな生活をしているのか、想像もつかない。だが6万年は、生物の姿形が大きく進化するほどの時間ではない。人類が絶滅したり人工知能と一体化したりしていなければ、私たちとほぼ同じ姿をした未来人に会えるだろう。だが顔の形や体つきは現代人とは少し異なるだろう。

　私たちが住んでいる地球上の世界では、これまでにないほどの速さで人間の生活様式が変化している。だが、現在の変化がそのまま連続的に6万年も続くことはないだろう。100年前に比べて現在の生活はずいぶんと便利になっているが、単純に6万年後はその600倍だけ便利になっているというわけではない。

6万年後の地球に生きる人類の文明は、よい意味でも悪い意味でも、まさに予想もつかないものになっているはずだ。

現在のように200以上の国々があるという国家体制が存続しているかはかなり疑問だし、現在急速に人口が減少している日本人がそのまま存続しているかどうかもわからない。今でも世界人口のうち3分の1が中国人とインド人で占められているが、この調子でいけば、世界中が中国人やインド人の末裔ばかりとなってしまいそうだ。日本人のDNAは混血を通じてわずかに彼らに受け継がれているだけかもしれない。もしくは、環境の激変により現代人のほとんどが生き延びられず、新しい環境に適応した少数民族が世界を支配しているかもしれない。

あまり考えたくないが、人類の絶滅とは言わないまでも、極端に世界人口が減少して原始的な生活に戻っていることもありうる。逆に、極限まで文明が発達して、想像もできないような形で持続可能社会が実現していることもありうる。さて、あなたは人生を費やして6万年後の地球への片道旅行をしてみたいだろうか？

世界中が中国人とインド人になる？

3 過去へ向かう

3.1 時間を戻れてこそのタイムマシン

　技術的にはともかく、原理的には未来へ行けるタイムマシンがありえることはわかった。しかし、このタイムマシンで遠い未来へ行くと、二度と元の世界に戻ってこられない。

　未来へ行けば、未来を見てみたいという希望は叶えられるが、そこから戻ってこられないとなれば、どんな感じがするだろう。その人にとって未来だった場所は、もはや未来というよりも新しい現在になってしまい、ずっとそこで生きるしかない。姿形も変わるほど進化した未来人がいるような未来へ行けば、すでに絶滅した古代の人類が過去からやってきたということで、研究材料にされてしまうかもしれない。なんと無情なタイムマシンなのだろうか。帰ってこられないはるか未来への時間旅行には、大きなリスクがともなう。

　タイムマシンと言うからには、時間を自由に行ったり来たりできるようなものであってほしい。そんなタイムマシンが作れるとしたら夢のような話だが、とても興味をそそられる話題だけあって、物理学の研究の中でもよく考えられてきた。

　ここでも鍵となるのは、アインシュタインの相対性理論だ。相対性理論は、それまでの物理理論とは異なり、時間と空間の性質を調べられる。まさに時間と空間の物理学だ。うまく時間と空間を操作することができれば、時間を戻れるのではないかとの期待も持てるのだ。

　物理学で考えるのは、あくまで原理的にできるかどうか、と

いう点であって、原理的に可能だとしても、それが人間の技術で可能かといえば、残念ながら今すぐには無理だ。だが、原理的に可能かそうでないかは大きな違いで、可能となれば、今は予想もつかない将来の技術革新に期待することもできる。突如として現代にはない技術が登場し、不可能を可能にするかもしれない。今は夢のような話であったとしても。

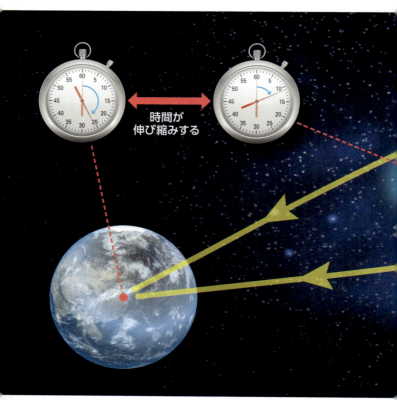

アインシュタインは時空間の理論、一般相対性理論を作った。それにより、時間や空間のゆがみ、光の曲がる現象が予測され、後に観測されている

3.2 光がまっすぐ進まない

　結論から言えば、現在知られている物理学の法則に矛盾しないで、時間を戻るタイムマシンを作れる可能性はある。アインシュタインの相対性理論によれば、時間と空間は宇宙のどこにいても、微妙にゆがんでいる。通常そのゆがみはわずかなもの

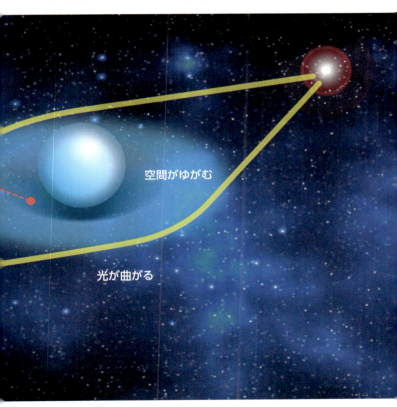

で、目で見て感じられるようなものではない。

　時間や空間がゆがんでいると、光はまっすぐ進まない。時間や空間のゆがみに影響され、その進路はふらつくのだ。

　光の進路がふらつくということをイメージするため、陽炎を思い出してみよう。暑い夏の日に、熱くなった地面やアスファルトの上を通して遠くを見ると、景色がゆらゆらとゆらめいて見える。または、ストーブやろうそくの炎の向こう側がゆらめいて見えたのを覚えているだろう。これがいわゆる陽炎という現象だ。

陽炎

　熱を持ったアスファルトやろうそくの炎の周りでは空気の密度が一定ではなく、場所によってゆらめいている。空気の密度が大きければ大きいほど、そこを通る光の速さは遅くなる。光の速さが場所によって違うと、光はまっすぐ進むことができなくなる。いわゆる「光の屈折」という現象だ。こうして、空気の密度がゆらめくと、光が屈折してその進路もゆらめき、景色がゆがめられて陽炎が起きるのだ。

ここで例に出した陽炎は、これから説明しようとする時間と空間のゆがみで起きるのではない。だが、ゆがんだ時間や空間の中を光が通過すると、その進路がまっすぐにならなくなるというところは、陽炎と似ている。時間や空間がゆがむと、光の進路がゆがめられる。しかも、時間や空間がゆがんでいる場合、光だけでなく、どんな物体がそこを移動してもまっすぐ進めない。

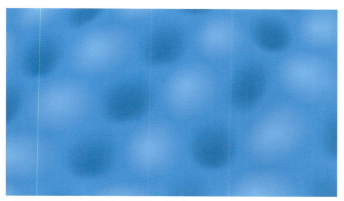

一般相対性理論による曲がった宇宙空間のイメージ

読者は、ロケットを何もない宇宙空間で進ませれば、どこにも落ちることなくまっすぐ進むと習ったことを覚えているかもしれない。だが、時間や空間がゆがんでいる場合、それは成り立たない。時間や空間のゆがみに応じて、その進路もゆがんでしまうからだ。

3.3 時間と空間のゆがみが重力をもたらす

アインシュタインは、ものが下に落ちる原因となっている重力が、時間と空間のゆがみによってもたらされるということを明らかにした。重力とは、万有引力の法則で知られているよう

に、重さのある物体同士に必ず働く引力でもある。

ニュートンによると、物体同士はお互いに直接引っ張り合っている。これがニュートンの考えた万有引力の法則だ。太陽の周りを、地球がほぼ円を描いて回ることは、万有引力の法則で説明される。だが、アインシュタインによると、実のところ万有引力は、物体同士に直接働く力ではない。時間と空間のゆがみを通して働く力なのだ。つまり、地球はまっすぐ進んでいるつもりでも、太陽の周りの時間や空間がゆがんでいるために、地球はまっすぐ進めなくなって、太陽に引き寄せられ、それが結局太陽の周りを回るような動きになってしまう。

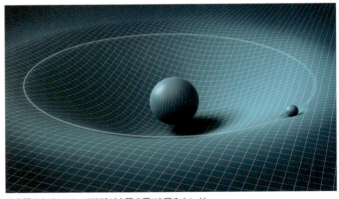

時空間のゆがみによって地球が太陽の周りを回るイメージ

地上でものが下に落ちるのも同じ理由だ。手から離したリンゴは下に落ちる。実は、リンゴからすれば落ちようとしているつもりはないのだが、自然と地球の方へ向かって進んでしまう。これも、地球上では時間と空間がゆがんでいるために起きている。事実、地球上では下へ行くほど時間の進み方が遅く、さらに空間のゆがみが大きくなっている。この結果として、リンゴ

は時間が進むと同じ場所にとどまっていることができずに、下へ押しやられるのだ。

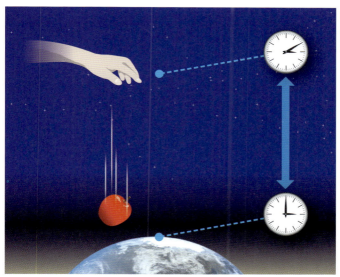

地球から上へ行くほど時間の進みが速い

　ただし、時間や空間のゆがみがあっても、スピードが速いものの軌道はそのゆがみに影響されにくくなる。野球のボールをゆっくり投げれば大きく曲がった軌道を描くが、剛速球投手がまっすぐに投げれば、少ししか曲がらずにキャッチャーまで届く。速ければ速いほど、ボールの軌跡は直線に近づいていく。光のスピードはとても速く、地球上では時間や空間のゆがみをほとんど感じることなく通り過ぎてしまうので、光はまっすぐ進むように見える。だが、直線上を進んでいるように見える光であっても、目では判別できないくらいわずかに地球に向かって曲がっている。

3.4 極端に時空がゆがむブラックホール周り

さて、重力の働くところでは時間や空間がゆがんでいることがわかった。とはいえ、地球や太陽の作り出す時間や空間のゆがみはわずかなもので、宇宙にはもっと極端に時間や空間がゆがんでいるところがある。ブラックホールだ。

ブラックホールの周りでは、あまりにも大きく時間と空間がゆがんでしまうため、すべての物体が強くブラックホールに引き寄せられて、そこから抜け出せなくなる。ブラックホールの中心から一定の距離以下に近づいたら最後、二度とそこから出てこら

れなくなる。この世の中で最も身軽な光であっても同様だ。このためブラックホール自体は光を反射することはない。真っ黒い穴のようなものなので、ブラックホールと名づけられている。

時間や空間が極端にゆがむと、ブラックホールのように奇妙な天体ができあがる。ブラックホールは時間と空間にあいた穴のようなものだ。ブラックホールへ落ちると、引き返すことができない。引き返せないことを恐れずブラックホールの中心へ向かっていくと、異常にゆがみすぎた時間と空間の中で、最終的には宇宙船もろとも、人間の体は引き裂かれてしまうと考えられている。

ブラックホールは時空にあいた穴。図はニューメキシコ大学などが観測した、2つの大規模ブラックホール（想像図）
画像：Josh Valenzuela/UNM

3.5 ワームホール

なんとかうまく人間の体が引き裂かれないようにしつつ、ブラックホールの穴の先を別の場所につなげてやることができればどうだろう。さらに、ブラックホールのように一方通行の穴では困るので、出たり入ったりが自由にできるような、時空間に掘ったトンネルを作れないだろうか。このような可能性を、アインシュタインはローゼンという物理学者と一緒に考えた。そのようなトンネルは、ワームホールと呼ばれている。

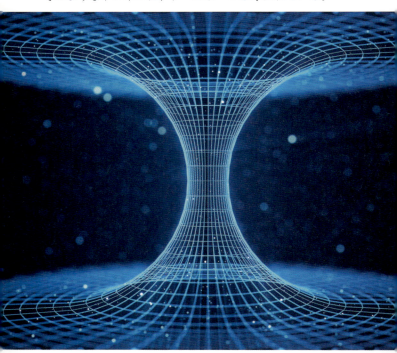

ワームホールのイメージ

実は、物理学をもとに考えると、とても微小な世界では時間や空間は私たちが感じるようなものではありえず、絶えず複雑な形にゆがんで波打っている可能性が高い。これは、微小な世界には、私たちの経験する世界とは全く異なる「量子力学」という物理の原理が働いているためだ。

　そのような微小な世界では、時空間が単に波打つだけではなく、本来別の場所だった時空間にトンネルがあいてワームホールができていると考えられる。だが、ワームホールが量子力学の原理で作られたとしても、それはあまりに小さすぎる上に不安定で、とても人間が通れるようなものではない。

量子力学的に波打つ時空間のイメージ。ワームホールも含まれている

画像：NASA/CXC/M.Weiss

3.6 人間が通れるようなワームホールは作れるか

　人間が通れるような大きなワームホールを作れるかどうか、現段階では微妙だが、条件によっては物理的に不可能というわけではない。天文学者であり作家でもあるカール・セーガンは、SF小説「コンタクト」の執筆にあたり、物理学者のキップ・ソー

ンにワームホールの可能性について相談したという。キップ・ソーンは相対性理論の有名な研究者で、2017年には重力波の研究でノーベル物理学賞を受賞した。

人間はワームホールを通り抜けられるか?

　ワームホールというのは不安定なものであり、もしそれが作られたとしてもすぐに壊れてしまう。安定して存在し続けるようなワームホールが欲しい。ソーンは、セーガンからの相談をきっかけに、人間が通れるような大きさのワームホールがありうるかどうかについて、理論的な研究を行った。その結果、理論上は「エギゾチック物質」という負のエネルギーを持つ物質がワームホールに詰め込まれていれば、人間が通れるほどの大きなワームホールであっても存在できる、ということを発見した。

3.7 物理学的にワームホールは可能

　私たちが知っている通常の物質はすべて正のエネルギーを持っていて、エギゾチック物質ではない。だが、特殊な環境下では負のエネルギー状態を作り出すことも不可能ではない（カシミール効果と呼ばれる量子現象が負のエネルギーを生み出すことが知られている）。

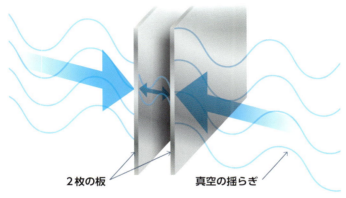

カシミール効果とは、真空の空間において2枚の金属板を極めて近くで平行に置くと、それらの間に負のエネルギーが生じて引力が働くというもの

　そんな大きなワームホールをどうやって作り、またエギゾチック物質をどうやって作るのかという技術的に立ちはだかる大きな問題はあるにしても、少なくともワームホールが物理学的に存在できないというわけではないのだ。

　ここで非常に楽観的になって、人間が通ることのできるワームホールを自由に作ったり変形したりする驚異的な技術が実用化されたと考えてみよう。すると、時空間を自由に旅することができるかもしれないのだ。

ワームホールという時空間のトンネルが存在すれば、そこには入口と出口がある。出口を遠く離れたところへ持っていけば、一瞬にしてはるか遠い場所へ移動できる、「どこでもドア」のようなものが作れる。どこでもドアは、入る時間と出る時間が同じという設定だが、ワームホールの場合は、出口の場所の時間が入口の時間と違っていてもかまわない。

3.8　ワームホールはタイムマシンになる

ソーンの考えたワームホールが本当に作られたとして、最初に入口と出口が同じ時間だったとしよう。ここで入口と出口を離して置いておけば、ドラえもんのどこでもドアと同じように、一瞬で離れた場所へ移動できる。だが、入った時刻と同じ時刻に出てくるので、これはタイムマシンではない。

ここで、出口をものすごいスピードで動かすことを考えてみよう。すると、相対性理論の効果によって、出口の時間の進み方は入口にいる人から見て遅れてしまう。ほぼ光速に近いスピードで出口を動かして入口のそばに持ってくれば、出口の時間はほとんど経過していないのに、入口の時間はかなり経過するということになる。出口をほぼ光速で1日移動させた後、入口のそばに持ってくることができれば、入口よりも出口の時刻の方が1日遅れている、ということになるのだ。ということは、このワームホールの入口から入った人は、1日前の出口から出てくることになる。

つまり、ワームホールの出口は空間的に離れた場所をトンネルでつなぐだけでなく、時間的に離れた場所をトンネルでつなぐこともできるのだ。

したがって、ワームホールが実現可能で、さらにそれを自由にコントロールできるとすると、どこでもドアとタイムマシン

を兼ね備えた性質を持つことになる。時間と空間を自由に行ったり来たりできるという、夢のようなトンネルだ。

　ワームホールを使ったタイムマシンを使えば、未来へも過去へも、両方の向きに行くことができる。入口から入って出口が過去になっている場合、逆に出口から入って入口から出ると、そこは未来の世界だ。

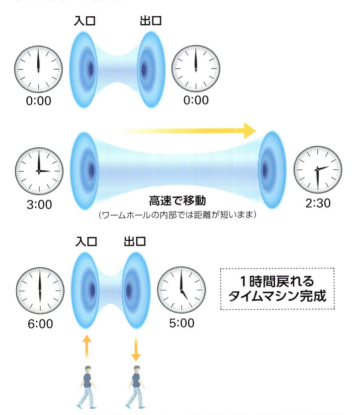

ワームホールの出口を高速移動させると、出口の時間が遅れて過去へ戻れるタイムマシンになる

3.9 過去へ戻るには時間軸を輪っか状にする

ワームホールは、過去へ戻るタイムマシンを作る原理として典型的な例だが、ワームホール以外によっても過去へ戻るタイムマシンができるのではないかという研究もある。いずれにしても、アインシュタインの一般相対性理論によって発見された、時空間がゆがむという性質を応用したものだ。

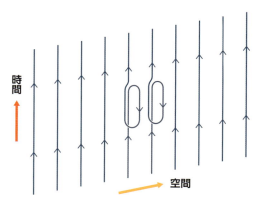

特定の場所で時間軸の未来と過去が輪のようにつながれば、過去へ戻るタイムマシンとなる

一般相対性理論によれば、時間や空間はまっすぐ一直線に伸びたものとは限らない。時間が未来へ向かって一直線に伸びなくてもよいのなら、未来の時間を過去の時間につなぎ合わせるという極端な状況を考えることもできるのだ。つまり、時間の軸を、輪ゴムのように一周して元に戻る輪っかのような形にできれば、未来を過去につなげることができるというわけである。

ソーンの研究に触発され、時間軸をそのような輪っか状の形にする別の方法も提案されている。

3.10 本気でタイムマシンの製作を考える研究者

　タイムマシンを研究する物理学者がいるといっても、ほとんどは単に理論的な興味や楽しみとしてタイムマシンの可能性を考えているだろう。原理的に可能かどうかに興味があり、実際に作ろうとしているわけではない。だが、なんとか現実的な方法で時間軸を捻(ね)じ曲げ、実際に作動するタイムマシンを発明したいと本気で考えている研究者もいる。コネチカット大学教授のロナルド・マレットだ。彼には、本気でタイムマシンを作りたいと考える理由がある。

ロナルド・マレット

　マレット自身は相対性理論を研究するまっとうな研究者だが、もともとはタイムマシンを発明したくて研究の世界に入ったという。彼は10歳のときに父親を心臓発作で亡くした。それがきっかけとなって、なんとか過去へ戻って父親を助けたいとあらゆる手を尽くしたという。

　そして、相対性理論を応用すればタイムマシンが作れるかもしれないことに気がついた。それが強い動機になって研究者に

なった。だが、変な研究をしていると思われたくないため、タイムマシンのことは前面に出さずに研究を進めた。もう少し現実的な天体物理学や宇宙の研究を進めながら、密かにタイムマシンの研究も続けたそうだ。

3.11 レーザー光を組み合わせたタイムマシン

ワームホールがタイムマシンになるといっても、それは現実の技術を無視した原理的な話であり、マレットの目的には不十分だった。彼にとっては亡き父親に会いに行くため、実際に実験室で作ることができるようなものでなければならなかったのだ。

彼は、4つの強いレーザー光を組み合わせることによって、時間軸を輪っか状にできることを計算で見つけた。これを応用すれば、タイムマシンを実験室で作れるかもしれないというのだ。この研究を発表した後、マレットの研究はマスコミに大きく取り上げられ、彼は有名人になった。

相対性理論や量子論の研究で有名な物理学者のブライス・ドウィットは、マレットの研究結果を聞いた後、「あなたが父親に会えるかどうかはわからないが、父親はあなたのことを誇りに思うだろう」と言って、マレットを感激させたという。

マレットの方法で本当にタイムマシンが実現可能であると、万人が認めているわけではない。だが、彼は自分の理論を実証するべく、実際に実験装置を組み立てて実験している。本気でタイムマシンの実現を目指すというところが、他のこれまでの相対性理論の研究者とは決定的に異なっていて、彼のユニークな点だ。その実験の成果に期待したい。

だが、マレットのタイムマシンができたとしても、彼が父親を救うことはできないだろう。そのタイムマシンで過去に戻れ

るとしても、それを作った時点よりも前には戻れないのだ。つまり、タイムマシンの出口を、すでに起こってしまった過去に開くことはできない。

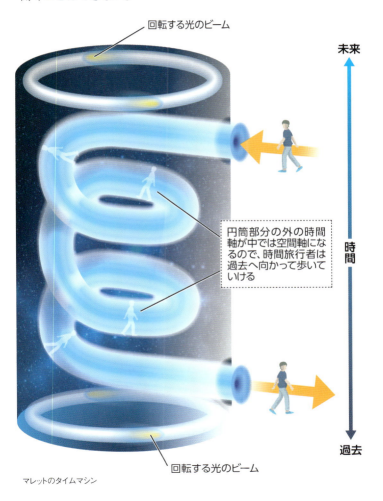

マレットのタイムマシン

4 過去へ戻ると矛盾するか

4.1 過去へ戻ることについての矛盾

過去へ向かうタイムマシンができたとしても、過去の自分に戻って自分の人生をやり直せるかというと、そんなことはない。1日分過去へ戻ると、その世界には1日前の自分がいることになるのだ。その過去の自分に会うことを考えると、とても奇妙なことになる。

過去の自分は、未来からやってきた自分に会っていたのだろうか、会っていなかったのだろうか。もしお互いの存在がわかっていたとして、未来からやってきた自分によって過去に戻ることを邪魔されたらどうなるのだろうか。邪魔されて戻れなければ、邪魔する自分もいなくなる。するとやはり戻れることになる。戻れるなら邪魔できる。いったい戻れるのか戻れないのか、どっちなのだ？ これは明らかに矛盾している。この矛盾は、もっと残酷な話として「親殺しのパラドックス」で知られる。自分を生んでくれる前の親を殺してしまったら、どうなるかという矛盾である。

親殺しのパラドックスをどう考えるか?

4.2 ホーキングの時間順序保護仮説

　過去へ戻るタイムマシンができるとこうした矛盾が生じることから、そのようなタイムマシンは実現できないだろう、と考える物理学者もいる。ブラックホールが量子力学的効果で蒸発することを理論的に示したことでも有名な物理学者で、2018年に亡くなった、スティーブン・ホーキングがその一人だ。

スティーブン・ホーキング　　　　　　　　　　　　　　画像：AFP＝時事

　彼は、過去へ戻るように時間軸を輪っか状にすることは、量子力学的に否定されるのではないか、という仮説を唱えて、それを「時間順序保護仮説」と呼んだ。量子力学とは、微小な世界を支配する物理の法則である。

　ホーキングによると、もし過去へ戻るワームホールがあれば、そこを真空のゆらぎが何度も循環して強くなり、ワームホールを破壊してしまうという。このように、時間軸を輪っか状にする

ことは物理学の法則において禁じられている、というのである。

だがホーキングの仮説は、完全な証明ではなく、推測に基づいている。重力を量子的に扱う完成された理論がないからだ。この仮説が本当かどうかはいまだに結論が出ていない。

ホーキングの時間順序保護仮説が成り立たず、もし過去に戻るタイムマシンが可能であるとすれば、「親殺しのパラドックス」をどう考えるかが問題である。

4.3 ポルチンスキーのパラドックス

親殺しのパラドックスには意志を持った人間が絡んでくるのでややこしい。そこでもっと簡単に考えて、単なる物体、例えばビリヤードのボールをワームホールで過去へ送り込むことを考えてみよう。

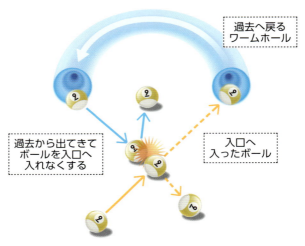

ポルチンスキーのパラドックス

ワームホールの出口は入口のそばに置かれていて、入口よりも出口の方が少しだけ過去になっているとしよう。ここで、出口から出てきたボールが、入口に入るはずのボールにぶつかるような軌道を描き、入口に入ろうとするボールを邪魔してしまったらどうなるだろうか。

そのボールは入口に入ることができない。ボールが入口に入らなければ、出口から出てくることもない。すると入口に入ろうとするボールにぶつかることもなくなり、やはりボールは出口から出てくる。これは明らかな矛盾だ。この矛盾（パラドックス）は、ジョセフ・ポルチンスキーという物理学者がキップ・ソーンたちに書き送ったもので、ソーンはこれを「ポルチンスキーのパラドックス」と呼んだ。

4.4 ノビコフの自己無矛盾原理

だが、未来のボールが出口から出てきて過去のボールの軌道にぶつかったとしても、ぶつかった結果として過去のボールが入口に入るような動きをしていたとすればどうだろうか。

もしワームホールの出口から未来のボール自身がやってこなければ、最初にボールがワームホールの入口に入ることもなかった。未来からやってきたボールによって軌道を曲げられた結果、入口に入ることが初めてできたからだ。これなら矛盾はどこにもない（次ページの図）。ポルチンスキーのパラドックスを避ける1つの方法は、このような矛盾の起きない軌道しか現実に起きることがない、と考えることだ。これで矛盾は解決する。

このように、「タイムマシンがあったとしても必ず矛盾のないような動きしかできない」という考えはロシアの物理学者、イゴール・ノビコフによって考えられたため、「ノビコフの自己無

矛盾原理」と呼ばれる。この原理が正しいかどうかはわからないが、タイムマシンにまつわる矛盾を解決する1つの可能性だ。

ノビコフの自己無矛盾原理が成り立つならば、ポルチンスキーのパラドックスが起きるような状況は否定される。過去に戻るワームホールにボールを放り込んで時間を戻り、元のボールにぶつけても、結局はボールがワームホールに入るのだ。どういうわけでそうなるのかは不明だが、タイムマシンがあっても矛盾が起きないためには、そうならざるを得ないということだ。

4.5　ボールの動きを予測できなくなる

ノビコフの自己無矛盾原理が成り立つとすると、ボールの動きがどうなるかを事前に予測できないという性質が現れる。ワームホールから出てきた未来のボールが過去のボールにどうぶつかるかには何通りもの可能性がある。ソーンたちが実際に計

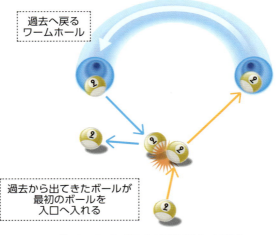

ポルチンスキーのパラドックスを解決するボールの動き

算してみたところ、矛盾のない動きには無限通りの可能性があることがわかった。

　例えば、下の図でAの可能性を見てみよう。下からやってきたボールは左側にあるワームホール出口から出てきた未来のボールとぶつかって、右側にあるワームホール入口に入る。これが矛盾のないボールの動きの1つの可能性だ。

　次に、下の図でBの可能性を見てみよう。下からやってきたボールは未来のボールにぶつかって右側にあるワームホール入口に入る。ワームホール出口から出てきたボールはそのまま右に進み、またワームホール入口に入る。そして2回めにワームホール出口から出てきたボールは右下に進んで過去のボールとぶつかり、元のボールの軌道をワームホール入口に向ける。

　さらに、ボールが途中で何回もワームホールの出口と入口を行ったり来たりするような軌道はいくらでも考えられる。どれ

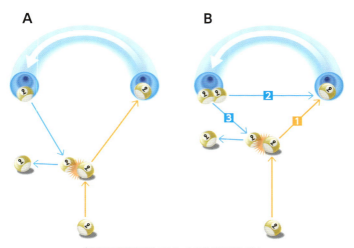

自己無矛盾原理だけではボールの動きは予測できない

も矛盾のない軌道であり、ノビコフの自己無矛盾原理を満たしている。実際にどの可能性が実現するのかは、物理法則だけからは予測できないのだ。結局のところ何が起きるのかは、実際にワームホールを作ってやってみないとわからない。

4.6 ワームホールの出口と入口の間だけにある軌道

前述の例では、ボールがワームホールの出口と入口を行ったり来たりするような軌道を考えた。このことから、さらに奇妙な状況が想起される。ビリヤードのボールをもともと入口に入れることなく、最初からボールがワームホールの出口と入口を行ったり来たりしていてもかまわないのではないだろうか。つまり、右側にあるワームホール入口の左部分から入ったボールは、少し過去のワームホールの右部分に出てくる。そのボールはそのまま右側に進み、ワームホール入口の左部分から入る。そのボールは最初にワームホール入口に入ったボールそのものだ。

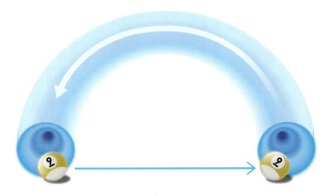

ワームホールの入口と出口を行ったり来たりするボール

これを外から見ていると、何もしていないのに突然ワームホール出口からボールが出てきて、そのままワームホール入口にボールが入っていくように見える。ボールは一時的にワームホール出口から出現して、そのままワームホール入口に吸い込まれ、後には何も残らない。

　このようなボールの動きは、物体の運動法則には反しないし、ノビコフの自己無矛盾原理にも反しない。しかし、これが実現しているとすると、そのボールはどこからやってきたものなのだろう。誰がそのボールを作ったのだろう。疑問が尽きない。

　ボールがこんな動きをすると、何が原因で何が結果なのかわからなくなる。ボールがワームホール入口に入るということが原因となってワームホール出口から出てくるという結果を生む。その結果が原因となってボールはワームホール入口に入るという結果を生む。これはもともとの原因であった。原因と結果が一致してしまうのだ。いかにも奇妙だが、物理法則としてはそこに矛盾はない。

　ただ、このボールの立場になってみると、ワームホール出口と入口を永遠に無限回往復しているという不思議なことになっている。ボールは徐々に古くなっていくはずだが、この場合はなぜか何度往復してもボールは古くなることがない。出口から出てきたボールは常に同一のものだからだ。ノビコフの自己無矛盾原理が正しいのなら、そのボールが出口から出てくるときには、前回と全く同じ状態で出てくることになる。

　これは不自然だが、ビリヤードのボールの代わりに電子のような素粒子を考えれば、それほど不自然ではない。素粒子はすべて同じ性質を持っていて、古いとか新しいとかいう性質を持っていないからだ。

4.7 人間を過去へ送り込む

ビリヤードのボールのように意志を持たない物体の場合は、それがいかに奇妙であっても、矛盾がなければそれはそれでよいかもしれない。だが、意志を持った人間を過去に送り込むとなると、話がややこしくなる。

親殺しのパラドックスに戻って考えてみよう。ノビコフの自己無矛盾原理が人間を過去に送り込むときにも成り立つのなら、矛盾しないためには親殺しはどうしてもできないことになる。親を殺してしまっては、自分が生まれてこなくなって矛盾するため、何が起こるとしても最終的に親は生き延びるしかない。

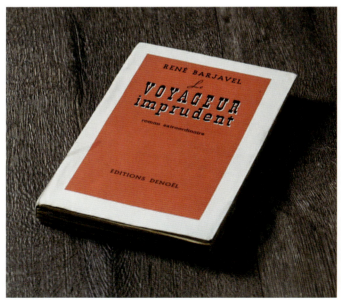

親殺しのパラドックスを早くから描いたルネ・バルジャベルの小説『軽はずみな旅行者』(1944年)

自分が過去に戻って何をしても、自分は生まれてくるしかないのだ。むしろ自分が過去に戻って親を殺そうとして失敗し、それがかえって両親を出会わせるきっかけとなり、自分が生まれてくる原因になったりするかもしれない。

過去に戻った自分が親を殺す試みは必ず失敗し、あくまで殺そうと企み続ければ、逆に自分が殺されてしまう、事故にあって死んでしまう、あるいは記憶喪失になってしまうなど、どうしても親を殺せないような、尋常ではない状態に陥る可能性が高い。ノビコフの自己無矛盾原理が正しければ、過去へ戻るタイムマシンに乗って親殺しを企んだとたん、自分に手痛いしっぺ返しがくることになりそうだ。悪いことはするものではない。

4.8 自分の本を剽窃する

単純なボールの運動と違って、タイムマシンに人間が絡むと話が面倒になるのは、親殺しのパラドックスだけではない。今、筆者はこの本の原稿を苦労しながら書いている。次に何を書けばよいのか悩んで、筆が止まってしまうこともよくある。

ここで、未来から現在に戻ってこられるワームホールがあったとしよう。将来、本が完成した暁には、その本をワームホールへ放り込むと心に誓うことにする。すると、現在の自分のところへ、未来から完成した本がやってくるはずだ。

それを手に取れば、後はその本に書かれている文章を書き写して原稿にすればよいだけだ。いわば自分の本を自分で剽窃しているわけだが、それは自分が書いた本そのものだから、誰にも咎められない。

そんなことも、ノビコフの自己無矛盾原理には矛盾しない。つまり、物理学の法則に矛盾せず、可能になってしまう。だが、そ

の本は明らかに自分のアイディアで書いたものではない。その内容はいったい誰が考えたアイディアでできているのだろうか。

　誰が考えたわけでもないのに本ができあがってしまった。私たちの常識では、本の内容は必ず誰かが考えたものであり、誰も何も考えていないのに、自動的に本の内容が生み出されることはない。だが、ここでは本の内容という情報が、何もないところから生まれ出てくることになってしまった。

　何もないところから情報が生まれ出てくるはずはないのだが、過去へ戻るタイムマシンがあると、こうした不可思議な現象も避けがたくなる。

　また、未来からやってきた本の内容を少し改変して書き写し、それをまた過去へ送り込むということは許されない。そのような改変は矛盾を生むからだ。どういうわけか、一字一句同じ本を作る以外に選択肢がない。この矛盾は、親殺しのパラドックスと同じ種類の問題だ。これでは、自分の自由意思でものごとを決めることができなくなってしまう。

未来に刊行された自分の本を過去の自分が剽窃する

4.9 量子力学が矛盾を解くのかも

　ここまで述べてきたことは、ノビコフの自己無矛盾原理が成り立つという仮定の下での話である。また、物体の運動は古典力学という物理法則にしたがっているという仮定に基づいている。古典力学というのは、人間の大きさのものにはよく当てはまるが、原子のような微小な世界には当てはまらない。原子の世界をつかさどっている物理法則は、量子力学と呼ばれるものだ。これは古典力学とはだいぶ異なるものになっている。

　量子力学が成り立つ世界は、とても奇妙な世界だ。その最も大きな違いは、古典力学では1つの現実世界が時間とともに変化していくのに対して、量子力学では複数の現実が共存しながら変化していくという点にある。

　例えば、原子というのは原子核の周りに電子がまとわりついたものだ。しかし量子力学的には、電子が原子の中でどこに存在しているのかを言うことはできない。本当はどこかにあって人間がそれを知らないという単純な話ではなく、どこにあるという事実そのものがないのである。これはつまり、電子がいろいろな場所にある、複数の現実が共存していることを意味する。初めて聞くと信じがたいことかもしれないが、とにかく原子の世界では、複数の現実が共存できるということを知っておこう。

　実は人間も原子の集まりなので、量子力学の原理が成り立つのは、微小な世界だけに限られているわけではない。1つひとつの原子を見ると量子力学の特徴が顕著に見えるが、莫大な数の原子が集まるとそれが目立たなくなり、古典力学で表されるような世界になるのである。だが、特殊な環境を作り出してやると、多数の原子が集まった物体に対しても量子力学的な効果

を観察することができる。

　複数の現実が共存して進行するとしても、人間が自然を観察するとその共存がくずれ、どれか1つの現実が選び取られる。その選び取られた現実は、別の現実とは無関係になって独立した1つの現実となる。不思議なことだが、量子力学とはそういうものなのだ。

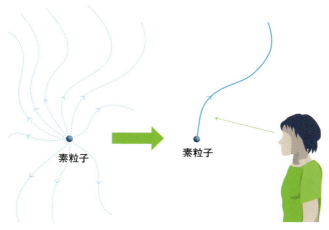

素粒子の軌道には、人間が観察するまで複数の可能性が共存している。
人間が観察した瞬間、そのうち1つの軌道が選び取られる

4.10　複数の現実が共存するとき

　さて、タイムマシンがあると奇妙なことや考えにくいことが起きる例を見てきたが、複数の現実が共存するとなると、話は違ってくる。

　まず、ポルチンスキーのパラドックスについて考えてみよう。このパラドックスは、ボールが過去につながるワームホールを経由して、過去の自分自身の軌道を乱してワームホールに入れ

なくしてしまう、というものだった。ボールがワームホールに入らなければ、過去の軌道を乱すことができず、矛盾する。ノビコフの自己無矛盾原理が正しければ、ボールはこうした軌道を取れないのだが、その根本的な理由は不明だ。人間が最初に打ち出すボールの軌道は自由にコントロールできそうなものだが、何か未知の力が働いてそれができない、というのだ。

　ここで、複数の現実が共存できるならば、矛盾を解消できる。ボールがワームホールに入った現実と入らない現実が共存してよいからだ。ボールがワームホールに入ったという1つの現実は、最初のボールの軌道を乱してボールをワームホールに入らなくする。

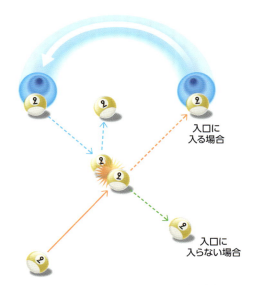

ボールがワームホール入口に入る場合と入らない場合が共存する

ボールがワームホールに入らなかったというもう1つの現実は、最初のボールの軌道を乱さずにそのボールをワームホールへ入れる。このとき2つの現実は交差してお互いに入れ替わるが、そこに矛盾はない。

4.11　人間が観察すると2つの現実は共存しない

　2つの現実が共存できるのは、人間がそれを観察しない場合に限る。観察した瞬間にどちらかの現実が選び取られる。ボールの行方を観察してしまえば、ワームホールに入るか入らないかの二者択一だ。最初のボールがワームホール入口に入ったとすると、そのボールは入口に入る前に軌道を乱されていないはずだから、ワームホール出口からボールは出てこない。ワームホールに入ったボールはどこへ行ってしまったのかと思うが、量子力学では複数の現実が共存できることを考えると、別の現実へ行ってしまったと考えれば、つじつまが合う。

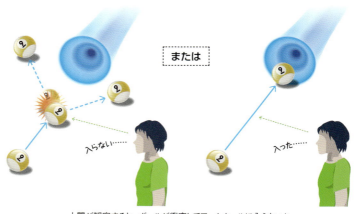

人間が観察すると、ボールが衝突してワームホールに入らないか、衝突しないでワームホールに入るか、どちらか一方に決まる

量子力学では、ものを観察した瞬間に複数の現実のうちの1つが選び取られるのだった。選び取られなかった現実がどこへ行ってしまうのかは明らかでない。私たちが観察する世界とは関係なくなってしまうからだ。だがそれも、私たちと関係がなくなるだけで、依然として選び取られなかった現実がどこかに存在していると考えることはできる。

　この考え方は、量子力学の「多世界解釈」と呼ばれている。人間がものを観察した後も複数の現実が共存し続けるが、人間には1つの現実しか経験できないという考え方だ。これはつまり、私たちには認識できない複数の世界がたくさんあることを意味する。すなわち、この世界にはパラレル・ワールドが存在するというのだ。

4.12 量子力学の多世界解釈におけるボールの軌道

　量子力学の多世界解釈が正しいかどうかは今のところ証明されていないが、それが正しいものとしてみよう。すると、ワームホール入口に入ったボールは別世界のワームホール出口から出てくることになる。その別世界とは、ボールがワームホール入口に入らなかった世界だ。

　その世界では、ボールがワームホール入口に入っていないのに、出口から出てくる。そして最初のボールの軌道を乱してボールをワームホール入口に入らなくする。これで矛盾は解消だ。

　つまり、この場合のワームホールは、2つのパラレル・ワールドをつなぐ役割を果たしていることになる。

　次ページの図を見てみよう。一方の**世界A**ではワームホール出口からボールが出てこず、最初のボールは軌道を乱されずにワームホール入口に入る。

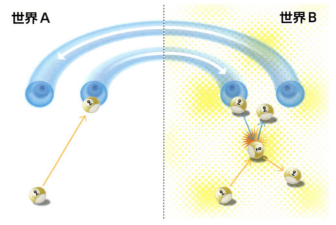

ワームホールが2つのパラレル・ワールドをつないでいると考えれば、ポルチンスキーのパラドックスが解消する

そしてそのボールは別の**世界B**のワームホール出口から出てきて、最初のボールの軌道を乱し、ワームホール入口に入れなくする。ワームホール入口に入らなければ出口からも出てこないはずだが、その出口は元の**世界A**につながっているので、**世界A**のワームホール出口からボールが出てこないのだ。

4.13 多世界解釈と親殺しのパラドックス

量子力学の多世界解釈に基づけば、ワームホールだけでなく過去に戻るタイムマシンは、すべてパラレル・ワールドの別世界をつないでいると考えられる。多世界解釈では、現実の世界はありとあらゆる無数の現実が並行して存在することになっているため、ワームホールはそれらのパラレル・ワールドを矛盾しないように複雑につなぎ合わせるようなものになる。

1つの現実しか観察できない人間にとっては、ワームホール

が複雑に絡み合っているように見えるが、実際にはワームホールは1つであり、人間の観察する現実の方が複数あって、それらが複雑に絡み合って見えているだけなのだ。

こう考えると、ボールを過去へ送り込むポルチンスキーのパラドックスだけでなく、人間を過去に送り込む親殺しのパラドックスも同様に解決できる。

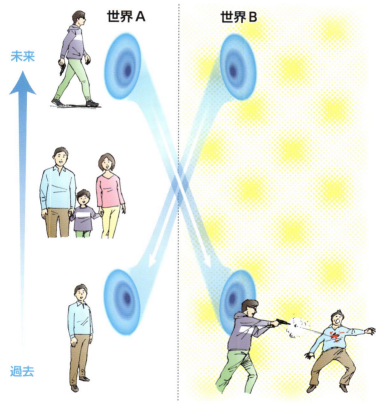

多世界解釈は親殺しのパラドックスを解決する

タイムマシンで過去に戻ると、そこは自分がいた世界とは別世界ということになる。そこで何をしようが、もともと自分が来た世界には影響が及ばない。自分の親を殺したとすると、その世界で自分は生まれない。だが、その世界で自分が生まれなくとも何の問題もない。自分が生まれたのはそれとは別の世界だからだ。自分が生まれた世界には、親を殺そうと戻ってくる自分はいないので、自分は生まれることができる。これで矛盾は解消だ。

4.14　自分の本を剽窃できてもおかしくはない

　また、自分の書いた本を過去の自分に向けて送り込んだ場合のことを考えてみよう。この本を自分で書き写せば、誰がその内容を考えたわけでもないのに本ができあがってしまい、おかしなことになっていた。だが、過去へ向かうタイムマシンがパラレル・ワールドの別世界につながっているのであれば、その本を書いたのは別世界の自分だということになる。

　タイムマシンを持っていたとして、本を書く前の自分が書き終えた本を必ず過去へ送り込むと心に決めても、未来から本がやってくるとは限らない。もし本がやってこなければ、自分で内容を考えて本を書かなければならない。その本をタイムマシンに放り込んでも、自分のいた世界とは違う世界の過去へ行ってしまう。自分の世界には本が未来からやってこなかったからだ。そして、別世界の自分のもとへ届くだろう。

　その別世界の自分は、未来からやってきた本を書き写す。その本をまたタイムマシンに放り込むかどうかはどちらでもよい。放り込んだらまたどこか別の世界へ行ってしまうだろうし、放り込まなくても自分の世界には別世界から本がやってくる。

また、書き写すときに少し内容を変えてしまってからタイムマシンに放り込んでも問題ない。それはさらに別の世界へ行ってしまうからだ。こうして、複数のパラレル・ワールドの間で本のやり取りが行われることになり、本の内容はそのうちどこかの世界にいる自分が考えたものになる。

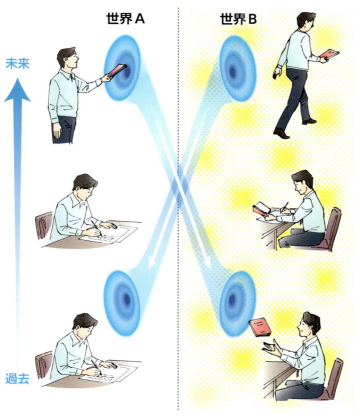

多世界解釈では自分の本を剽窃しても問題ない

4.15　タイムマシンと人間の自由意思

　ここまで見てきたように、過去に戻るタイムマシンが引き起こすパラドックスを解決するためには、少なくとも3種類の方法がある。

> 1. **時間順序保護仮説**
>   そもそも過去に戻るタイムマシンは作れないという説。
> 2. **ノビコフの自己無矛盾原理**
>   過去に戻っても未来は絶対に変えられないという説。
> 3. **量子力学の多世界解釈**
>   タイムマシンが別世界の現実をつなぐものだという説。

　1つめの可能性を除けば、過去に戻るタイムマシンはありうる。過去へ戻るタイムマシンができるとして、残る2つの可能性のどちらが正しそうだろうか。この問題は、人間に自由意思があるかどうかという問題と関係している。

　2つめの可能性、つまりノビコフの自己無矛盾原理が正しければ、人間には自由意思というものがない。自分の生まれる前に戻って自分の親を殺そうとしても、絶対に不可能である。自分の意思で未来を変えられると思っていても、実際にはどうしても未来を変えられず、起きるべきことしか起こり得ないのだ。未来も過去と同じようにあらかじめ定まっていることになる。

　3つめの可能性、つまりパラレル・ワールドが存在するなら、人間の自由意思は保たれる。未来には複数の可能性があり、あらかじめ定まったものではないからだ。そして、パラレル・ワールドの存在は、物理学的に量子力学の多世界解釈によって可

能なのだ。

　いずれにしても、これまでに確実に正しいとわかっている物理学の範囲では結論の出ない問題である。過去に戻るタイムマシンを作ることができたなら、ポルチンスキーのパラドックスのような実験をしてみることが一番だ。そうすれば、2つの可能性のうちどちらが正しいのかを判定できるだろう。あるいは、考えもしなかった別の現象が起きるかもしれない。

　過去へ戻るタイムマシンを発明すれば、パラレル・ワールドの有無や、人間の自由意思の有無を判定できるようになるかもしれない。それは、必ずしも人間が通り抜けられるタイムマシンである必要はない。例えば、電子のような素粒子を過去へ送り込む実験でもよいだろう。そんな実験が可能になれば、人間に自由意思があるのかないのかという、物理学と一見関係のないような問題に答えが見つかるかもしれない。

未来はあらかじめ定まっているのだろうか

　第1部では時間旅行の可能性について物理学的に考えてきた。次に空間的な旅行について考えることにしよう。空間は時間と違って自由に行ったり来たりできる。だが、光の速さを超えることはできない。ということは、人間が一生かかって往復できる距離は数十光年程度で、それより向こうへ行って帰ってくることは叶わないのだろうか。

　いや、実はそんなことはない。人が80年かけて宇宙船で往復すると、なんと10億光年先にまで行って帰ってくることができる。そんな夢のようなことも物理の法則で可能だ。宇宙のはるかかなたへ旅立つことにしよう。

5 できるだけ遠くへ行きたいあなたへ

5.1 私たちは地球にへばりついている

私たちが住んでいる地球 画像：NASA

　宇宙というと、夜空の向こうにある、自分の生きている日常とは縁遠い世界をイメージするかもしれない。だが今、自分の周りに見えている景色も宇宙の一部だ。なぜなら、宇宙とは自分の周りに広がっている世界をずっと先まで伸ばしていった全体のことなのだから。私たちは宇宙の中に住んでいる。私たちは日本人であり、地球人であり、宇宙人でもあるのだ。

　宇宙が私たちの日常生活から縁遠く感じる理由は、私たちが宇宙の中でも特殊な場所にいるためだ。私たちは、宇宙の中でも奇跡的に、生命にとって居心地のよい場所、地球という小さな惑星の表面にへばりついて生きている。生まれたときから1

つの特殊な場所しか知らなければ、それが特殊な場所だとは気づかない。井の中の蛙大海を知らず、だ。

地球の表面から飛び出した経験のある読者はほとんどいないだろう。仮に読者が宇宙飛行士で、スペースシャトルに乗ったり、国際宇宙ステーションに滞在したりしたことがあったとしても、地球の表面からわずか数百kmほど上空に行ったにすぎない。

数百kmといえば、東京〜大阪間程度でしかない。地球の半径は6300km以上もあって、それから見れば1割にも満たないほど上に行っただけ。表面にへばりついているわけではないが、地球から飛び出したと言うにはあまりにも近い場所だ。

国際宇宙ステーションからの映像を見ても、地球が視界いっぱいに広がって見える。家の玄関から一歩だけ出て振り向いたら、視界いっぱいに家が見えているようなものだ。そこは外出したと言うにはあまりにも家から近い場所だ。

それでも、国際宇宙ステーション内は無重力空間であり、地上とはかなり違った環境になる。家から一歩出るだけでも、家の中

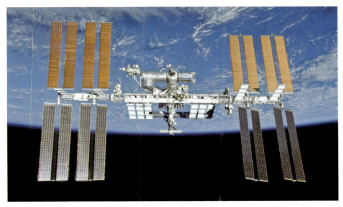

国際宇宙ステーションと地球　　　　　　　　　　　画像：NASA

と外では環境が全く違うのと同じだ。暖房のきいた家の中なら冬に素っ裸で歩き回ることもできるが、そのまま一歩でも外へ出ると凍えてしまうか、もしくは警察に捕まってしまう。同じように、地球から一歩でも外へ出たら、そこはまるで別世界だ。

現在でもお金さえ払えば、国際宇宙ステーションへの観光旅行が可能だ。アメリカの宇宙旅行会社スペースアドベンチャーズは、これまでに7人の民間人を国際宇宙ステーションに観光旅行させている。旅行費用は60億円ほどだ。イギリスの歌手サラ・ブライトマンも近いうちにこの旅行に参加する予定だという。十分なお金さえあれば、あなたにも宇宙旅行は可能だ。

5.2 月への旅行

国際宇宙ステーションへの旅行は、宇宙旅行と言っても、家から一歩外へ出るのと同じようなものだと言った。だが、月へ行くとなると話は別だ。

これまでの宇宙飛行士の中でも、月へ行ったのはNASAによるアポロ計画の乗組員たちだけである。

アポロ計画で使用されたサターンV型ロケット　　　　画像：NASA

人類で初めて月面へ降り立ったアームストロング船長（左）とアポロ11号の乗組員たち　　　　画像：NASA

地球から月までの距離は、地球半径の約60倍、38万5000kmほどである。これなら、地球から離れたところへ飛び出したと自信を持って言える。先ほどのたとえで言えば、家から数百m先にあるスーパーへ買い物に行った程度の外出のようなものだ。

　アポロ計画では、1969年7月に初めて人類が月面に着陸した。その当時で、月まで行くのに片道4日ほどかかった。今から50年近く前の話である。その後も5回の有人月面着陸を成功させ、アポロ計画は1972年に終了した。

　アポロ計画には、現在の貨幣価値にして1兆円を大きく超える費用がかかった。初めて人類を月に送り込むという目標を達成し、偉業を成し遂げたことは、世界に衝撃を与えたという意味ですごい効果があった。だが初めてでなければ、月に行くのは費用対効果がとても悪い。そのため、アポロ計画後に月に行った人はまだ

アポロ11号から月面に降り立ったオルドリン飛行士　　画像：NASA

いない。1981年から2011年まで続いたNASAのスペースシャトル計画は、地球を周回するもので、国際宇宙ステーションと同じように地表から数百kmの高さまでしか行っていない。

　最近では宇宙開発の民営化がかなり進み、以前よりもずっと安価に宇宙へ行ける技術が開発されている。宇宙から地球を観測するための人工衛星の打ち上げには、すでに多くのベンチャー企業が関わっている。また、世界的事業を成功させて豊富な資金力を得た起業家たちの中には、一般人の宇宙観光旅行を可能にすることを目的に、宇宙開発企業を立ち上げている人たちもいる。

　有名なインターネット販売サイト、アマゾンの創立者であるジェフ・ベゾスは、2000年に宇宙開発企業ブルー・オリジンを立ち上げた。この企業では、できるだけ安価かつ安全に宇宙観光旅行ができるような技術を開発中だ。また、PayPalというインターネット決済サービス企業を創立したイーロン・マスクは、2002年にスペースXという宇宙開発企業を共同で創立し、現在そのCEO（最高経営責任者）およびCTO（最高技術責任者）をしている。さらに、音楽産業や航空産業などでも有名なイギリスの複合企業ヴァージン・グループを創設したリチャード・ブランソンは、2004年にヴァージン・ギャラクティックという宇宙旅行企業を創設した。

　中でもイーロン・マスクのスペースXは、7000人ほどの従業員を抱える大企業であり、他の企業よりもかなり先を行っている。

　1人あたり約80億円で月への往復旅行ができるといい、2023年には実際に、月への観光旅行を実施できるという見通しがあるそうだ。民間人をロケットに乗せ、10日あまりかけて往復し、月面着陸はせずに周回してくるという。それが本当なら、国際宇宙ステーションへ行くのと同じくらいの費用で月への周回旅行ができることになる。

5 できるだけ遠くへ行きたいあなたへ

ジェフ・ベゾス
画像：Steve Jurvetson

ブルー・オリジンが開発中のロケット
画像：Blue Origin

イーロン・マスク
画像：Steve Jurvetson

スペースXが開発中のロケット
画像：SpaceX

リチャード・ブランソン
画像：NASA

ヴァージン・ギャラクティックが開発中のロケット
画像：Jeff Foust

93

5.3 火星への旅

　地球を飛び出して月へ行く旅行は、ちょうど家から出て数百mほど先へ行く外出のようなものだと言った。だが、これくらいだと、まだ旅をしたという気分ではないかもしれない。地球を飛び出して本当に宇宙旅行をしたと言えるためには、月よりももっと遠くへ行きたいところだ。

　太陽を回る惑星のうち、地球のすぐ外側を周回しているのが火星だ。火星が太陽を一周する公転周期は1年と11か月弱である。火星は太陽を地球と同じ方向へ回っていて、ほぼ2年2か月に一度、地球に最も近づく。その一番近いときの距離は約7800万km、月と地球の距離の約200倍だ。現在の技術で作ったロケットを使って片道半年ほどかかるが、火星への旅行も十分に現実的だ。

　火星の大きさは直径にして地球の約半分で、地表の重力は地球の40％弱。また火星の1日は地球の1日とほぼ同じ長さだ。火星には主に二酸化炭素でできた大気があるが、大気圧が地球の1％以下しかなく、地球に暮らしている感覚からするとほぼ真空に近い。火星に住むなら、内部が1気圧に保たれた居住空

火星　　画像：NASA/ESA and The Hubble Heritage Team STScI/AURA

スペースXは、火星へ人類を送り込むシステムやBFRというロケットを開発中（想像図）
画像：SpaceX

間を設ける必要がある。

　実際、オランダの民間非営利団体マーズワンは、民間から募った希望者を火星に永住させるという計画を掲げている。2031年頃から2年ごとに4人ずつ、火星に移住者を送り込むという。移住者は二度と地球に戻らない片道切符なのだが、約20万人もの希望者があったという。金銭面での実現性や移住者の精神面などに不安なところはあるが、現在は候補者を選抜している最中だという。

　また、前述の宇宙開発企業スペースXは、2024年に火星へ人類を送り込む計画を立てていて、そのために全長100mもあるBFRというロケットを開発中だ。スペースXによると、この計画がうまくいけば、1人あたり2000万円ほどで火星旅行が可能になるというから驚きだ。将来的には100万人規模の火星都市を建設することも視野に入っているという。

　このように、火星旅行はすでに具体的な計画が進んでいるほど現実的だ。夢のある話だが、もちろん宇宙には危険もいっぱいある。お金と決死の覚悟さえあれば、あなたもそう遠くない将来に火星へ行くことができるかもしれない。

5.4 金星と水星への旅

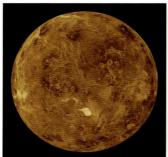

金星

画像：SSV, MIPL, Magellan Team, NASA

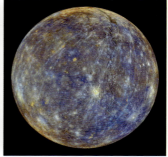

水星

画像：NASA/Johns Hopkins University Applied Physics Laboratory/Carnegie Institution of Washington

　太陽系には全部で8つの惑星がある。火星以外の惑星に住むのは過酷だが、訪れるだけの観光旅行であれば、それほど遠くない将来に可能になるかもしれない。

　火星は地球の外側を回る惑星の中では最も地球に近く、地球の内側を回る惑星は金星と水星だけだ。

　金星は地球のすぐ内側を回る惑星で、太陽の周りを一周する公転周期は7か月あまりだ。地球も同じ方向へ1年かけて公転し、金星は1年7か月に一度、地球に最も近づく。その一番近いときの距離は約4200万km。月と地球の距離の約110倍だ。この距離であれば、現代のロケットでも3か月ほどで到着する。

　金星は大きさが地球とほぼ同じで、重力も地球より少し弱い程度だが、金星には主に二酸化炭素でできた厚い大気がある。このため、金星表面は人間には過酷な環境だ。地表での大気圧は地球の90倍にも達し、地表温度は500℃近くにもなる。さらに、金星の自転はかな

り遅く、金星の1日は地球の117日分だ。昼と夜が2か月ずつ続く。人間が降り立って滞在するにはあまりよい場所ではないだろう。

水星は太陽に一番近い軌道を回る惑星である。水星までの距離は一番近いときで9000万 km程度。距離的には火星とさほど変わらないが、水星に近づくのは火星や金星よりも実は難しい。太陽の周りを回る遠心力を落とすのが容易ではないからだ。現代の探索衛星では、他の惑星の重力を利用するスイング・バイという手法が取られている。

水星の自転はとてもゆっくりしていて、1日の長さが地球のほぼ6か月分に相当し、昼と夜が3か月ずつ続く。大気がほとんどなく、昼と夜の寒暖差が激しい。昼は350℃まで暑くなり、夜はマイナス170℃まで冷え込む。とても移住する気にはならないので、行くとしても周回軌道を巡る観光旅行にしておきたいだろう。

5.5 木星と土星

太陽系にある8つの惑星。中央左寄りが木星、右が土星、その上が天王星、海王星
画像：NASA

スペースXによる木星旅行（想像図） 画像：SpaceX

　比較的太陽のそばにある水星、金星、地球、火星の4つの惑星は、地表面が岩石でできている。これらは岩石惑星あるいは地球型惑星と呼ばれる種類の惑星で、だいたい地球と同じような構造をしている。地球と同じようにはっきりとした地面があるので、着陸しようと思えば地表に着陸できる。

　残りの4つの惑星は、地球に近い側から、木星、土星、天王星、海王星である。これらは岩石惑星とは別の種類の惑星で、地球型惑星のようにはっきりとした地表面がない。だから、これらの惑星へ行ったとしても、着陸して歩き回ることはできない。上空から様子を眺める旅行になりそうだ。

　これらの惑星に地表面がない理由は、一番外側が気体のガスでできていて、内側へ行くにつれて徐々に液体や固体になっていくという構造だからだ。地球のように、固体の地表面もしくは液体の海の表面のようなはっきりした境界がないのである。

5 できるだけ遠くへ行きたいあなたへ

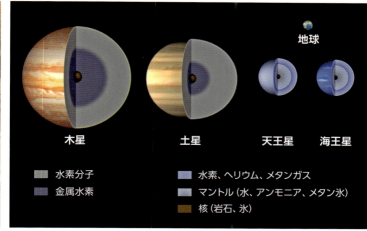

木星、土星、天王星、海王星とその内部構造　　　画像：NASA/Lunar and Planetary Institute

　木星や土星までの距離は、火星よりもだいぶ遠い。地球の公転により距離は多少変化するが、太陽からの距離にすれば、木星がほぼ8億km、土星がほぼ14億kmにもなる。現代の技術でも数年かければ地球から木星に到達できるので、将来的には観光旅行が可能になるかもしれない。

　木星や土星の本体には着陸できる表面がないが、その周りを回る衛星には着陸できる表面がある。中でも、木星の衛星エウロパや、土星の衛星エンケラドゥスは行ってみたいところの1つだ。

　エウロパの大きさは地球の半分程度で、その表面は厚さ3kmの氷で覆われている。そして、その氷の層の下には深さ100km前後の、液体状になった水でできた海が埋まっているのだ。そこに太陽の光は届かない。ただ、地球の深海には太陽の光が届かないにもかかわらず、生命が住んでいる。もしかすると、地球の深海生物のような生命がエウロパにもいるかもしれない。

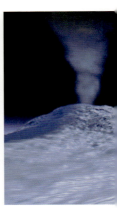

土星の衛星エンケラドゥスの内部構造（想像図）
画像：NASA/JPL-Caltech

　土星の衛星エンケラドゥスは、直径500kmほどの天体だ。エウロパと同じように表面が氷に覆われていて、内部に液体の水がある。表面から水蒸気が噴出しているので、地下には火山活動があり、そこから熱水が噴出していると考えられる。そういうところには生命がいるかもしれないのだ。

5.6　天王星と海王星、「惑星」でなくなった冥王星

　土星の外側にある天王星と海王星は、地球からさらに遠い。天王星は29億kmほど、海王星は45億kmほど地球から離れている。太陽からは遠すぎて、かなり寒いことを覚悟して行く必要がある。現在のロケット技術では、天王星へ行くのに10年ほどかかる。

　これまでに天王星と海王星に到達した宇宙探査機は、ボイジャー2号だけである。ボイジャー2号は木星、土星、天王星、海王星を巡って観測を行った。現在は太陽系の外へ飛び出して、さらに遠くへ航行中である。ボイジャー2号は打ち上げられて

エンケラドゥスの地表（想像図）
画像：NASA/David Seal

冥王星
画像：NASA/Johns Hopkins University Applied Physics Laboratory/Southwest Research Institute

から2年で木星へ到達、4年で土星に到達した。8年半で天王星に到達し、海王星に到達するのに出発から12年かかった。

海王星の軌道のすぐ外側には冥王星という準惑星が回っている。冥王星は1930年にアメリカの天文学者クライド・トンボーが発見したもので、当時は第9番めの惑星と考えられた。

当初は大きさがわからなかったが、他の惑星に比べてだいぶ小さく、最も小さい惑星である水星と比べても直径にして半分ほどしかないことが後に判明した。地球の月よりも小さい。

冥王星の発見後、太陽系周辺には冥王星に似た小さな天体が多数あることがわかってきた。このため、2006年から冥王星は惑星の仲間から外され、準惑星と呼ばれるようになったのだ。

冥王星には2015年に宇宙探査機ニューホライズンズが到達して観測を行った。ニューホライズンズには、冥王星の発見者であるトンボーの遺灰が搭載されている。また、冥王星観測後は他の太陽系外縁天体を観測し、その後は地球外生命に向けたメッセージを乗せて太陽系を離れていく予定である。

6 太陽系の外へ行く

6.1 太陽系を飛び出す

次に、太陽系を飛び出して他の恒星へ行くことを考えよう。太陽系にある惑星までの距離に比べると、他の恒星までの距離は果てしなく遠い。地球から冥王星までは、光の速さで5時間半ほどかかる距離だが、太陽系以外にある主だった星までは、光の速さで少なくとも数年以上かかる。そして、その多くは数十年から数千年もかかる距離にあるのだ。

これほどの距離まで行こうと思えば、現状の化学燃料を使ったロケットでは難しい。人間を乗せて行くなら、光速に近い速さで航行する宇宙船が必要だ。

十分に光の速さに近づけば、相対性理論のウラシマ効果によって、数千光年以上先の宇宙にも人間の寿命の範囲内で往復することが可能だ。地球に帰ってきたら、文字通り浦島太郎状態になることが必至ではあるのだが。

前に考えたように、地上と同じ重力を保ちながら遠方へ宇宙旅行できる1G宇宙船(p.24)が実現したとしよう。つまり、旅程の半分は1Gで加速して進み、残りの半分を1Gで減速する。この間、宇宙船には地球と同じ重力が働いて、地球上と同じような環境になり、快適な旅行が楽しめるというわけだ。

この宇宙船を使って行くことのできる距離と必要な往復所要時間を相対性理論によって計算した結果を右ページの表に示す。具体的な計算方法に興味のある読者は付録(p.185)を参照してほしい。

この宇宙船に乗って1年も経つと、宇宙船の速さはかなり光速に近づく。このため、例えば10光年先にある星へ往復旅行しても、地球上の時間経過は約24年で済む。また、相対性理論のウラシマ効果がきくため、旅行者の経験する時間はそれよりも短くなる。10光年先の星へ行って帰ってくる場合、往復20光年の旅程にもかかわらず、旅行者に必要な時間は10年で済むのだ。100光年先へ往復旅行しても18年で済む。この効果は遠方へ行けば行くほど大きくきくようになり、旅行者が71年ほどかければ、なんと1億光年先にまで行って帰ってこられるのだ。その代わり、戻ってきた地球は2億年後の世界になっている。

表　1G宇宙船の往復旅行で必要な所要時間

目的地の距離	往復所要時間	地球の経過時間
10光年	10年	24年
100光年	18年	204年
1000光年	27年	2003年
1万光年	36年	2万年
10万光年	45年	20万年
100万光年	54年	200万年
1000万光年	63年	2000万年
1億光年	71年	2億年
10億光年	80年	20億年

＊　四捨五入によりp.27の表と異なるところがある

6.2 私たちから一番近い恒星

　私たちが住んでいる地球は太陽系の中にある第3惑星だ。他にも7つの惑星があるが、地球は生命に満ちあふれた特別な惑星である。他の惑星にも生命がいるかどうか、今のところはわからない。だが、地球ほど生命に適した環境でないことは確かだ。太陽系の中に、私たち人間と同じような知的生命は住んでいない。

　この広い宇宙の中で、私たちと同じような隣人、知性を持った宇宙人はいるのだろうか。もしいたならば、ぜひとも訪ねたいものだが、宇宙の広大さを考えるとかなり厳しい。あまりにも遠すぎて、行くのにあまりにも時間がかかるからだ。

私たちが住んでいる地球上の景色（写真はカナダのモレーン湖）

6 太陽系の外へ行く

　太陽のように自ら光ることができる別の星で、私たちが住んでいる太陽系から一番近いところにあるのは、約4光年先のプロキシマ・ケンタウリという恒星だ。
　この恒星はいわゆる赤色矮星という星で、太陽よりもだいぶ暗く赤みがかっている。その明るさは太陽の1000分の1しかない。もし太陽が赤色矮星だったら、地球は寒すぎて人間には住めない環境になっていただろう。だが、地球よりもずっと内側の軌道を回る惑星であれば、十分な暖かさを保てるはずだ。
　2016年に、この恒星を回る惑星プロキシマbが発見された。プロキシマbはプロキシマ・ケンタウリのすぐそばを回る惑星なので、生命が生きていくために必要な暖かさが保たれているかもしれない。

太陽に最も近い恒星プロキシマ・ケンタウリと、その周りを回る惑星プロキシマb（想像図）
画像：ESO/M. Kornmesser

6.3 ハビタブル・ゾーン

惑星が寒すぎたり暑すぎたりすると、水が凍ってしまったり蒸発してしまったりするので、生命に必要な液体の水が惑星表面に存在しなくなる。例えば、水星や金星は地球よりも太陽の近くにあって表面温度が高いため、水があっても蒸発してしまう。また火星は地球のすぐ外側を回る惑星だが、表面温度が低すぎて、水はあっても凍ってしまっている。

惑星の表面に液体の水が存在するためには、中心にある恒星を回る半径がちょうどよい範囲に収まっていることが必要だ。その範囲のことを「ハビタブル・ゾーン」と呼ぶ。居住可能な領域という意味だ。

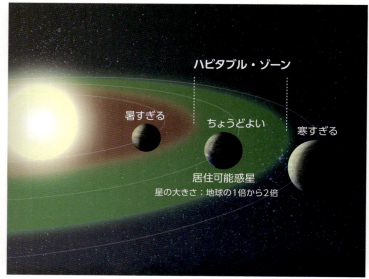

ハビタブル・ゾーン

画像：NASA

液体の水は生命にとって必要不可欠とは限らず、またハビタブル・ゾーンに入っていなくても、地下に液体の水があるかもしれない。だが、人間と同じような知的生命が育つ環境を保つには、惑星表面に液体の水があることが最低限の条件ではないかと考えられる。

　太陽系のハビタブル・ゾーンは地球の公転軌道の半径付近にあるが、中心の星が明るいほどその半径は大きくなり、暗いほどその半径は小さくなる。

6.4　惑星プロキシマb

　2016年に発見された惑星プロキシマbは、まさにこのハビタブル・ゾーンに入っていたのだ。もしやそこには生命が生まれているのではないか、そんな期待から世間の大きな興味を引いている。また、この惑星の大きさは地球によく似ているのだ。

　このプロキシマbという惑星の実態について詳しいことはよくわかっていない。小さすぎて望遠鏡でのぞいても見えるわけではないからだ。

　そこに惑星があることがわかったのは、この惑星の太陽であるプロキシマ・ケンタウリ星の動きを詳細に観察したことによってである。惑星が回ることで、中心の星がわずかに揺れるのだ。

　そのプロキシマ・ケンタウリ星からは、強力な紫外線など、地球の人間にとっては有害な光線が出ている。そのため、プロキシマbの表面には大気がなくなっている可能性もあり、人間にとっては過酷な環境らしい。

　だが、そんな過酷な環境でも生き延びる生命が進化している可能性はある。生命がそこにいる可能性が少しでもあるとなれ

惑星プロキシマbの地表（想像図）　　　　　　　　画像：ESO/M. Kornmesser

ば、俄然そこへ行きたくなる。今は夢のような話だとしても、少し本気で考えてみよう。

6.5　プロキシマ・ケンタウリ星への旅行計画

　1G宇宙船に乗って、プロキシマ・ケンタウリ星とその惑星プロキシマbへ観光旅行をすることを考えてみよう。プロキシマ・ケンタウリ星までの距離は4光年あまり、正確には4.25光年ほどだ。

　この距離の半分まで1Gで加速すると、最大速度は光速度の95％ほどになる。そこから減速してプロキシマ・ケンタウリ星で止まる頃には、地球上では5年11か月ほどの時間が経ってい

6 太陽系の外へ行く

豪華クルーズ船のような施設を備え、莫大なエネルギーを供給できる宇宙船ができれば、プロキシマbやその周辺への観光旅行が楽しめるだろう

る。しかしウラシマ効果がきくので、宇宙船に乗っている観光客にとっては、3年7か月ほどで到着する。4光年先にある場所にも、ウラシマ効果のおかげで観光客は4年かからずに到着できるのだ。

そこで何か月かプロキシマbやその周辺を見て回り、地球へ帰ってくることにしよう。すると観光客には全部で8年ほどの時間がかかる。この間、地球の時間は14年ほど経過するので、同級生より6年ほど若い状態になる。浦島太郎の話のように、知り合いがみんないなくなってしまうような未来へ流されるわけではないので、それほど抵抗はないだろう。

全部で8年というのはかなりの長旅だが、今でもゆったりと

トラピスト1星と太陽(左)の比較 　　　　　画像:ESO

　船で世界一周旅行をすれば100日ほどかかる。そのほとんどの日程は船の中で過ごすわけだ。世界一周旅行をする豪華クルーズ船のように、長い時間でも十分に楽しめる施設を作っておけば、8年間の往復旅行もよいだろう。

　そんな宇宙船には莫大なエネルギーが必要だ。どんなに効率のよいエンジンを開発したとしても、宇宙船のほとんどが燃料で占められてしまうだろう。だが、現実の技術的な問題をひとまず置けば、原理的には可能なのだ。

6.6 トラピスト1星

　プロキシマbは私たちの最も近くにある恒星の周りを回る惑星だが、他にも行くべき場所はあるだろうか。その有力候補は、地球から39光年離れたところにあるトラピスト1星という恒星だ。プロキシマ・ケンタウリ星に比べて10倍弱ほど遠くにある。

6 太陽系の外へ行く

トラピスト1星にある惑星系（想像図）
画像：NASA/JPL-Caltech

　トラピスト1星も、プロキシマ・ケンタウリ星と同じく赤色矮星という種類の暗い恒星である。その大きさは半径にして太陽の10分の1ほどしかなく、木星の2倍程度、明るさは太陽の1000分の1ほどだ。

　この恒星にはなんと7つの惑星が発見されている。しかも、そのうち3つもの惑星がハビタブル・ゾーンにあるというのだ。見つかった7つの惑星は、公転の中心であるトラピスト1星に近い方から順番に、トラピスト1b、トラピスト1c、……、トラピスト1hと、bからhまで末尾へアルファベット記号をつけた名前で呼ばれている。

　そのうち、e、f、gの3つの惑星がハビタブル・ゾーンに入っている可能性がある。それらは地球に似たサイズの惑星で、そのどこかに生命がいる期待も高まる。

6.7　トラピスト1星への旅行計画

　トラピスト1星はプロキシマ・ケンタウリ星より10倍近く遠くにあるが、ウラシマ効果が強くなるので、そこへ行って帰ってくるのに必要な時間は10倍よりずっと短い。前と同じように考えて、宇宙船の中ではいつも1Gの慣性力が働くようにしながら中間地点で加速と減速を切り替えて進めば、中間地点での最高速度は光速度の99.9％になる。それだけウラシマ効果が強くなり、宇宙船に乗った観光客が経験する時間は、片道7年3か月ほどになる。39光年の距離を7年あまりで到着できるのだ

から、金額的にはともかく、時間的にはお得だ。その代わり、地球上の時間は40年以上経過する。往復で15年近くかかるので、決して気軽な旅とは言えないが、少し覚悟を決めれば可能ではないだろうか。

トラピスト1星についたら、7つの惑星を順番に見て回ることにしよう。そこはどんな世界だろうか。地球と同じように岩石でできている惑星である可能性が高く、またハビタブル・ゾーンに3つも惑星がありそうなのだから、面白いものが見つかるかもしれない。もしかして生命が進化していて、人間が住めるような環境だったら、そのままそこに居つきたくなるかもしれない。

トラピスト1星の惑星群を思う存分探検し終わったら、帰途につくことになる。ただ、ウラシマ効果が強いので、帰ってくると地球上の時間は出発時から80年以上経過してしまう。15年の旅行から帰ってきたときには、地球に残っていた人は自分に比べて65歳も年を取っているのだ。子供のときに出発するのでなければ、知り合いのほとんどは亡くなっている。80年も経てば地球の様子もだいぶ変わっているだろう。やはり、それなりの覚悟が必要だ。

惑星トラピスト1fにおける景色（想像図）
画像：NASA/JPL-Caltech/T.Pyle（IPAC）

6.8 ケプラー90星

ケプラー90星の惑星（上）と太陽系の惑星（下）の大きさの比較。ただし公転半径の比較ではない
画像：NASA/Ames Research Center/Wendy Stenzel

　トラピスト1星に比べればだいぶ遠くなるが、2500光年ほど先には、太陽によく似たケプラー90星という恒星があり、そこには多数の惑星が回っていることが確認されている。ケプラー90星は、大きさや明るさなどが太陽より1〜2割ほど大きい。このため、惑星があれば太陽系と似た環境が実現しているかもしれない。

　ケプラー90星の周りにはすでに8個もの惑星が見つかっている。そのうち内側を回る6個の惑星は、地球の直径より少し大きいものから3倍弱のものまである。これらはその大きさから岩石惑星ではないかと思われる。外側の2つは木星や土星と同じくらいの大きさで、これらはガス惑星と考えられる。つまり、太陽系と同じような惑星が少なくとも8個、回っているのだ。

　これら8つの惑星はすべて太陽・地球間の距離と同じくらいの半径よりも近いところを回っているため、惑星表面の温度が

高くなりすぎる。つまりハビタブル・ゾーンに入っていない。だが、もっと半径の大きな軌道上に惑星があるかどうかは、観測方法の限界によりわかっていないのだ。もしかすると、この星にはもっと惑星があり、生命が住んでいる可能性もある。

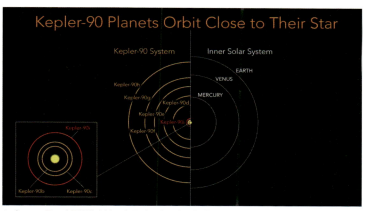

ケプラー90星の惑星軌道（左）と太陽系の惑星軌道（右）の比較
画像：：NASA/Ames Research Center/Wendy Stenzel

　この星までの距離は2500光年ほどだから、39光年の距離にあるトラピスト1星に比べて、60倍以上も遠くにある。だが、私たちの1G宇宙船を使って観光旅行をすれば、旅行客にとっては片道15年あまりで到着できる。トラピスト1星へ行くのに7年ほどかかることを思い出せば、わずか2倍ほどの時間で60倍もの距離を進むことができるのだ。

　中間地点での宇宙船の最大速度は光速の99.99997％にも達し、相対性理論のウラシマ効果がとても大きくなる。ケプラー90星を観光して地球に帰れば、約5000年後の地球に戻ることになる。現代の人間の子孫は生きているかもしれないが、ちょっと想像できないくらい社会が変わっているだろう。

6.9 ベテルギウス

オリオン座にあるベテルギウス（想像図）
画像：ESO/L. Calçada

6 太陽系の外へ行く

　太陽と同じような星へ行って生命探しをするのも興味深いが、もっと過酷な場所を冒険してみるのもありだろう。太陽とは全く違う星へ行くのだ。宇宙には太陽よりも桁違いに大きな星がある。

　そんな巨大な星の1つがベテルギウスだ。日本から見ると、オリオン座の中の左上にある星である。オリオン座は数ある星座の中でも特に目立つ星座なので、冬の夜に南の空を探せばすぐ見つかる。オリオン座は7つの星からなるが、そのうち左上のベテルギウスと右下のリゲルが特に明るい1等星だ。

　リゲルは普段はオリオン座の中で最も明るく見える。リゲルも大きな星で、直径は太陽の80倍ほどだ。だが、ベテルギウスはそれよりもさらに大きく、その直径は太陽の1000倍ほどにも達する。

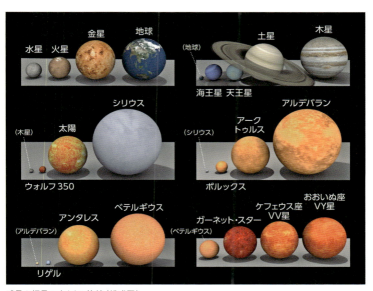

惑星や恒星の大きさの比較（模式図）

これがどれほど大きいかを実感するため、太陽を直径1mに縮めてみたとしよう。このときベテルギウスの直径は1kmにもなるということだ。直径で1000倍ということは、体積で言えば1000の3乗、つまり10億倍にもなる。とてつもない大きさだとわかるだろう。

　ベテルギウスは赤色超巨星という種類の星で、体積が太陽の10億倍もある割に、質量は太陽の20倍ほどしかない。もともとはそこまで大きくなかった星が、大きく膨れ上がった結果だ。

　ベテルギウスの明るさは一定ではなく、時間により変化する。いわゆる変光星という種類の星だ。明るさの変化はあまり規則正しくないが、ほぼ数年単位で明るくなったり暗くなったりする。一番明るいときにはリゲルの明るさを上回り、オリオン座の中で最も明るく見える星になる。

　ベテルギウスは明るさだけでなく、大きさも変化している。1993年から15年間観測したところ、その間に15％も大きさが縮んだという。太陽と違って不安定な星なのだ。

　ベテルギウスまでの距離は約600光年で、ケプラー90星よりはだいぶ近い。私たちの1G宇宙船を使えば24年あまりで往復できる。その間に地球上の時間は1200年以上過ぎ去ってしまう。

　この星に近づけば、太陽とは桁違いのまばゆい光に包まれる。星本体の明るさは、太陽本体の明るさの1万倍以上だ。しかもベテルギウスは太陽のように綺麗な球形をしていない。表面にこぶがあり、表面の明るさにもむらがある。地球からの観測では右ページのようにぼやけた画像しか得られていないが、近づいてみればもっといろいろなことがわかるだろう。

　だが、この星にはあまり近づきすぎない方がいいかもしれない。ベテルギウスは星の進化の終末期にある。このような大きな星は、

最後に超新星爆発という派手な爆発を起こすのだ。不安定な状態にあるベテルギウスは、そう遠くない将来に超新星爆発を起こすと予想されている。遠くない将来と言っても、10万年スケールの話であり、600年ぐらいで爆発してしまう可能性は低い。だが、万が一ということもある。超新星爆発に巻き込まれたら大変だ。

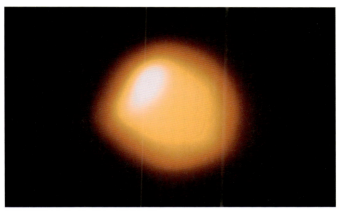

電波望遠鏡によるベテルギウスの観測画像
画像：ALMA（ESO/NAOJ/NRAO）/E. O'Gorman/P. Kervella

6.10　わし星雲、「創造の柱」

　地球から7000光年ほど離れたところには変わった場所がある。へび座の方向にあるわし星雲の中心部に位置する、俗に「創造の柱」と呼ばれている場所だ。p.121にあるように、3本の柱が立っているように見える。これはハッブル宇宙望遠鏡で撮影された中でも、最も美しい写真の1つだ。

　ここでは星が活発に生まれている。若い星からは強い紫外線が放射されていて、それが周りにあるガスやちりを蒸発させる。まだ蒸発せずに残っている部分が黒っぽい柱状になって見えて

わし星雲 画像：ESO

いる。新しく生まれた星たちによって彫られた柱というわけだ。柱の先端部には突起のようなものがいくつか見えるが、ここはガスやちりが濃く集まった部分であり、いずれ新しい星がそこに生まれるだろう。

　私たちの太陽も、この場所と似たような環境で生まれたと考えられている。そこへ行って何が起きているのかを見れば、私たちの太陽やその周りを回る惑星がどのように生まれたのかが

6　太陽系の外へ行く

わし星雲の中心部にある「創造の柱」
画像：NASA, ESA, and the Hubble Heritage Team（STScI/AURA）

わかるかもしれない。

　この創造の柱は徐々に蒸発しているので、そこへ行くとすると、到着した頃には形がだいぶ変わっている可能性がある。私たちの1G宇宙船で往復すると34年ほどかかり、地球の時間は1万4000年ほど過ぎ去る。その間に、この柱の形がどう変化するのかを見届けることができる。星の誕生する現場を、時間を縮めて見ることができる観光旅行も悪くない。

6.11 パルサー

　宇宙には灯台のような場所がある。正確な周期でパルス状に光って見える天体があるのだ。これをパルサー（パルスを出す星という意味）と言う。世界で初めて見つかったパルサーは、電波観測によって発見され、PSR B1919+21と名づけられた天体だ。こぎつね座の方向にある。正確な距離はよくわかっていないが、大まかに地球から2300光年ほど先にある。1G宇宙船で往復すれば30年ほどで行って帰ってくることができる。

　このパルサーは約1.3秒に1回、正確な周期でパルスを出している。10桁以上の精度で毎回正確に同じ時間間隔のパルスを発生しているため、発見された当初は地球外生命の発する信号ではないかとの憶測を呼んだこともあった。

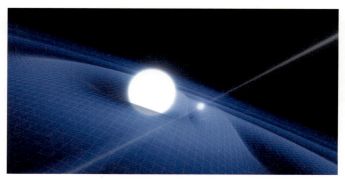

パルサーのイメージ　　　　　　　　　　　　画像：ESO/L. Calçada

　だが実際にはそうではなく、かなり小さいサイズの星が、高速で自転しているものだった。その自転周期が1.3秒だったのだ。星の半径はわずか10km弱であり、太陽の半径に比べて7万分の1ほどしかない。それにもかかわらず、その質量は太陽の

1.4倍もある。その密度たるや、1cm³あたり7億トンというものすごさだ。

これだけ物質がぎゅうぎゅう詰めにされると、私たちが普段見るような状態ではいられなくなる。原子の中心部にある原子核が重なり合い、星全体が巨大な原子核のようなものになってしまう。原子核を構成する中性子という粒子があるが、莫大な数の中性子でできた「中性子星」という星になっているはずなのだ。

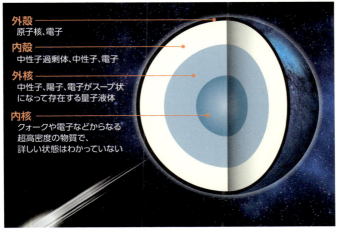

外殻 原子核、電子
内殻 中性子過剰体、中性子、電子
外核 中性子、陽子、電子がスープ状になって存在する量子液体
内核 クォークや電子などからなる超高密度の物質で、詳しい状態はわかっていない

中性子星の内部構造

この星は初めから中性子星だったわけではない。最初は大きな恒星であり、太陽と同じように光り輝いていたはずだ。だが、星が光り輝いているうちはそこまで密度が高くない。星の内部にある燃料が燃え尽きると、温度が下がって星全体を支える力が失われる。すると、急激に自らの重力でつぶれてしまうのだ。その衝撃で星の外部は逆に吹き飛んでしまい、それが超新星爆発という大きな爆発現象を引き起こす。そして星の中心部に取

り残されたのが中性子星だ。

　もともとの星も回転していたが、それが急激に小さくなることにより、非常に速く回転するようになる。これは、フィギュアスケートの選手がスピンしながら伸ばした手を縮めると回転が速くなるのと同じ原理だ。こうして10 kmほどの半径の星が約1.3秒という短い周期で回転するようになった。

　パルサーは強い磁場を持っていて、その磁極方向へ電磁波が放射される。星の自転軸と磁極方向がずれているため、磁極方向がたまたま地球を向いたときだけ明るく見えることになる。灯台はいつも光を出しているが、その方向が回転しているので、周期的に明るく見える。パルサーはちょうど灯台のような原理で周期的に明るくなるのだ。

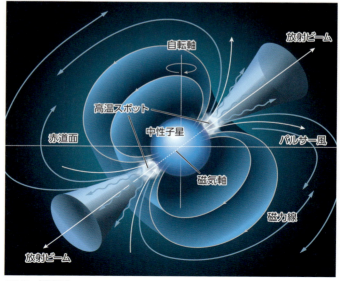

パルサー（構造図）

6.12 はくちょう座X1

　もっと変わった星に行きたいなら、はくちょう座X1という天体がよいだろう。そこにはブラックホールがあると考えられているからだ。地球からは6000光年ほど先にある。私たちの1G宇宙船なら、35年ほどで往復できるが、その間に地球の時間は1万2000年以上過ぎ去る。

はくちょう座X1の場所　　　　　　　　　　　画像：NASA/JPL-Caltech

　ブラックホールは、大きな星が超新星爆発をした後に残されると考えられている天体だ。元の星の質量が太陽の約8倍から約25倍の間だと超新星爆発の後に中性子星が残されるのだが、25倍より大きな星の場合には、残される星の重力が強すぎて

ブラックホールになってしまうと考えられている。

　はくちょう座X1にあると考えられるブラックホールは半径44kmほどの大きさだ。天体としてはかなり小さく、太陽の半径と比べればわずか1万6000分の1だ。ところが、その質量は太陽の15倍もある。

　ブラックホールの重力は極端に大きいので、この半径より内側からは何ものも逃れられない。前に触れたように、光でさえも逃れられない。このため、ブラックホール本体から光が出てくることはなく、直接それを見ることはできないのだ。

　ブラックホール本体を直接見ることはできなくても、その強い重力は周りに甚大な影響を及ぼす。そのため、そこにブラックホールがあると間接的にわかるのだ。はくちょう座X1にあるブラックホールのそばには、直径が太陽の16倍程度もある青く巨大な星がある。この星とブラックホールはお互いに周りを回っている。この巨大な星からはガスが放出されているが、ブラックホールの強い重力によって、そのガスはブラックホールの近くへ流れ込んでいく。

　ブラックホールに流れ込んできたガスはそのままブラックホールに落ちるわけではない。ブラックホールの周りを回転運動して円盤状になる。この円盤はものすごく熱くなり、そこからX線が放射される。はくちょう座X1という名前は、X線を出す天体というところからきているのだ。

　実際にそこへ行くとどんな景色が見えるだろう。ブラックホールの周りでは光がまっすぐ進めない。ブラックホールがレンズのような役割を果たすのだ。このため、ブラックホールの周りにある円盤は、実際の姿通りではなく、右ページの図のように奇妙にゆがめられて見えるだろう。

6 太陽系の外へ行く

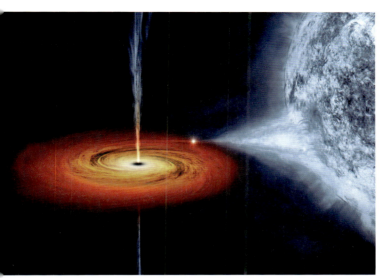

くちょう座X1（想像図）　　　　　　　　　　　　　　　画像：NASA/CXC/M.Weiss

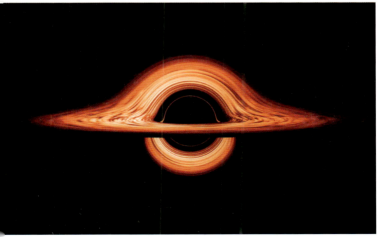

ブラックホールの周りの円盤が重力レンズで曲がって見える（想像図）　　画像：NASA GSFC/J. Schnittman

6.13 天の川銀河の中心―超巨大ブラックホール

　私たちの住んでいる天の川銀河の中でも、特に興味をそそられる場所といえば、その中心部だろう。いったい、そこには何があるのだろうか。

　夜空に浮かぶ天の川は、天の川銀河という円盤状の銀河を中から眺めた姿だ。その円盤の中心方向を地球から見ると、天の川が明るく見えている。とはいえ、そこに何か特別な天体が見えるわけではない。

夜空に浮かぶ天の川

だが、可視光では何も見えないが、そこには巨大なブラックホールがあるのだ。それも、他のブラックホールに比べて桁違いに大きく、超巨大ブラックホールと呼ばれている。地球から見ると、いて座とさそり座の境界方向にある、いて座A*（エースター）と呼ばれる天体の本体が、この超巨大ブラックホールだと考えられている。

いて座A*自体は可視光で見ることはできないが、その天体は電波を放射している。ブラックホール自体は光を出さないので、ブラックホールの周辺にある物質が強い重力場のエネルギ

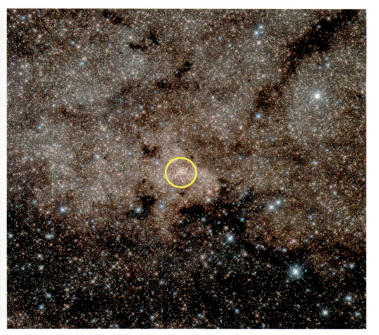

天の川銀河の中心部を拡大。黄色で描いた丸の中に、超巨大ブラックホールがある
画像：NASA, ESA, and Hubble Heritage Team（STScI/AURA）
Acknowledgment: T. Do, A.Ghez（UCLA）, V. Bajaj（STScI）

ーを受けて電波を放射していると考えられる。

　はくちょう座X1のブラックホールは重さが太陽の15倍程度であり、天体としてはそれほど重くない。だが、このいて座A*にあるブラックホールは重さにして太陽の約400万倍という巨大さである。そのブラックホールの半径は約1200万 kmだ。太陽の大きさの20倍近くもある。はくちょう座X1にあるとされるブラックホールの半径44 kmに比べると、その大きさは桁違いだ。

　いて座A*の周りにある物質量は少ないため、この超巨大ブラックホールは静かにそこに座っている。だが、たまにそこへ星やガスなどが突っ込むことがあり、そのときには電波以外の電磁波でも観測できる。

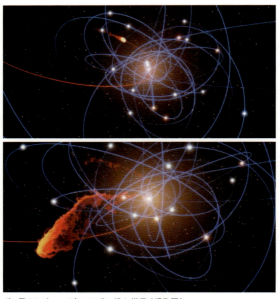

ガス雲G2が、いて座A*に突っ込む様子（想像図）
画像：ESO/MPE/Marc Schartmann

いて座A*までの距離は約2万6000光年である。1G宇宙船なら往復40年ほどで行って帰ってこられるが、その間に地球上の時間は5万2000年ほど過ぎ去る。

この超巨大ブラックホールの近くへ行くと、強力な重力場の作用によって、光が曲がりくねり、周りの景色が奇妙にゆがめられて見えるだろう。

このような超巨大ブラックホールは、天の川銀河ばかりでなく、他の大きめの銀河でも中心に存在していると考えられている。

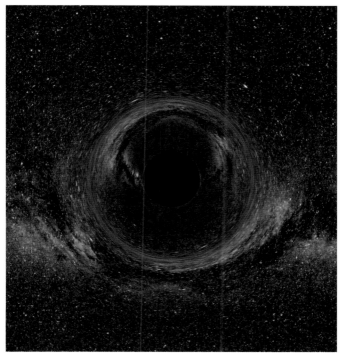

ブラックホールのそばから天の川銀河を見たときの景色（想像図）

7 銀河系の外へ行く

7.1 隣の銀河系へ

　天の川銀河は、宇宙に無数に存在する銀河の1つにすぎない。天の川銀河だけでも巨大だが、宇宙全体の広さからすれば微小な点と言える。そんな天の川銀河のすぐ近所にあるのが大マゼラン銀河だ。地球から16万光年離れたところにある。また、その近くには小マゼラン銀河があり、こちらは地球から20万光年離れている。1G宇宙船で往復すれば、どちらも47年前後で往復できる。

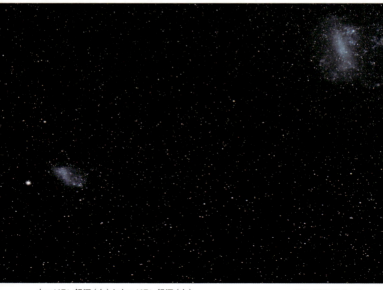

小マゼラン銀河（左）と大マゼラン銀河（右）　　　　　　　画像：ESO/S. Brunier

両マゼラン銀河は天の川銀河よりだいぶ小さく、天の川銀河のような円盤状の形はしていない。だが近くにあるため、南半球へ行くと肉眼で見ることができる。

私たちは天の川銀河の内部に住んでいるので、外側から天の川銀河を眺めることはできない。もしマゼラン銀河のある場所まで行ければ、天の川銀河を夜空いっぱいに眺められるだろう。天の川銀河は直径10万光年ほどあるので、16万光年離れた大マゼラン銀河から眺めれば、角度にして40°ほどに広がって見える。それは壮観な眺めになるだろう。

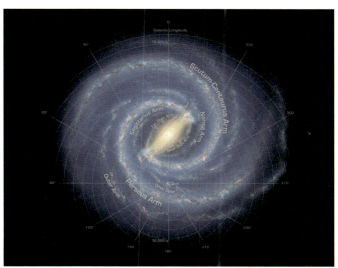

天の川銀河（外から見た場合の想像図）
画像：NASA/Adler/U. Chicago/Wesleyan/JPL-Caltech

天の川銀河より大きな銀河で一番近くにあるのが、アンドロメダ銀河だ。天の川銀河と同じように円盤状の形をしていて、直径にして天の川銀河の2〜3倍ほどの大きさがある。地球から

は250万光年ほど先にあり、1G宇宙船で往復すると57年ほどかかる。地球に帰りたければ、なるべく早く出発した方がよいだろう。

アンドロメダ銀河　　　　画像：Bill Schoening, Vanessa Harvey/REU program/NOAO/AURA/NSF

　アンドロメダ銀河は将来、天の川銀河と衝突し、合体して、1つの巨大な銀河になると言われている。だが、それは今から40〜60億年後のことだ。そのときに天の川銀河がどうなっているのか知りたければ、1G宇宙船のウラシマ効果を使えば可能だ。目的地で止まると時間をロスするため、常に1Gの加速度で飛び続け、少しずつ進路を曲げてぐるっと一周してくればよいだろ

う。すると45年ほどで60億年後の地球に戻ってこられる。

　だが、60億年後の地球には戻ってきたくはないだろう。その頃には太陽が現在よりも明るくなりすぎて、大きく膨張し、地球は人間の生きていられるような場所ではなくなっているからだ。60億年後にもどこか地球以外に住める場所を見つけてから出発するのが賢明だ。

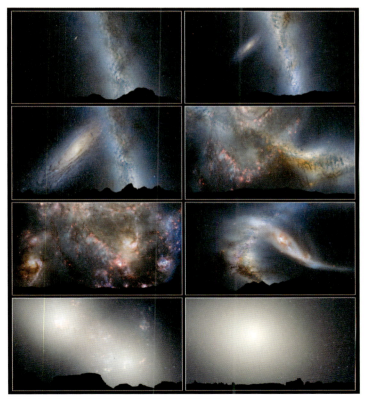

アンドロメダ銀河との衝突を眺めることができた場合の想像図
　　出典：NASA, ESA, Z. Levay and R. Van der Marel (STScI), T. Hallas, and A. Mellinger

7.2　M78星雲

　ウルトラマンの故郷はM78星雲だという。ウルトラマンのテレビ放送が始まったのは1966年であり、いまだにシリーズが続いている驚異のテレビ番組だ。筆者は子供の頃、「ウルトラセブン」の大ファンだった。ウルトラセブンが最初に放映された1968年頃すでに筆者は生まれていたが、赤ん坊だったはずなので、おそらく再放送を見たのだろう。

約半世紀にわたって好評を博す「ウルトラマン」シリーズ。写真は、第27回東京国際映画祭に登場したウルトラマン、ウルトラセブンら
画像：時事

　それはともかく、物語上のウルトラマンの故郷は、M78星雲・光の国である。天の川銀河から300万光年離れたところにあるという設定だ。あれほど巨大な体を持っているのだから、ウルトラマンの国では、おそらく重力が地球よりも小さいに違いない（なぜ地球上であれほど機敏に動けるのかは謎だ）。ウルトラマンの故郷とはどんなところなのか気になる。

M78星雲・光の国はフィクションだが、実際にM78星雲と名づけられた天体は存在する。オリオン座の方向にあり、距離は300万光年ではなく、実際には1600光年ほどであって、天の川銀河の中にある。しかも、そこには星や惑星などはない。反射星雲と呼ばれる天体で、ガスやちりなどでできている。近くの星に照らされて光っているのだ。光の国がちりのようなものだと知れば、夢がちりとなって消えてしまう気がするので、そのことは忘れた方がよいかもしれない。

M78星雲

画像：ESO/Igor Chekalin

7.3　M87星雲

　実は最初の企画書では、ウルトラマンの故郷はM78星雲ではなく、M87星雲と書かれていたという。それが放映時の台本でM78と誤記され、それがそのまま定着してしまったそうだ。

　M87星雲も実在する。頭文字のMというのはフランスの天文学者シャルル・メシエが作った天体のカタログを意味していて、M1からM103までの天体がある。前に出てきたアンドロメダ銀河はこのカタログの中でM31と名づけられている。

　メシエがこのカタログを作った目的は彗星の発見のためだった。星は点状にしか見えないので区別をつけられるが、広がった形をしている天体は彗星と間違えやすい。メシエはそうした天体のリストを作り、1774〜1784年にかけて出版した。当時はそれらの正体がわかっていなかったため、天の川銀河の中にある星雲と、その外にある別の銀河の区別がついておらず、いろいろな種類の天体が混ざっている。

　さて、M87星雲は、まさしく天の川銀河の外にある別の銀河だ。地球からの距離は約6000万光年。光の国よりだいぶ遠いが、そこには星がたくさんあり、もしかするとウルトラマンが住んでいるかもしれない。1G宇宙船で往復すれば、約70年かかる。

　M87星雲は、おとめ座銀河団と呼ばれる集団に属している。おとめ座銀河団には1300個以上の銀河が含まれている。銀河団というのは、数百個から数千個ほどの銀河が集団となって密集している場所のことで、おとめ座銀河団は天の川銀河の一番近くにある銀河団だ。

　M87星雲は、おとめ座銀河団の中心部に位置していて、ひときわ大きな銀河である。その形は楕円形をしていて、楕円銀河と呼

ばれる種類の銀河だ。このように銀河団の中心部に位置する大きな楕円銀河は、大小多くの銀河が合体してできたものと考えられる。

おとめ座銀河団の中心部。M87星雲は中央にあるひときわ大きい銀河
画像：Chris Mihos（Case Western Reserve University）/ESO

　天の川銀河の中心部と同様に、巨大楕円銀河であるM87の中心部にも超巨大ブラックホールがあると考えられている。その証拠として、M87の中心部から強い電波が放射されているのだ。
　その超巨大ブラックホールの重さは太陽の約70億倍というからすごい。天の川銀河の中心にあるいて座A*のブラックホールが太陽の約400万倍だったから、それに比べても2000倍近

い。そのブラックホールの半径は200億km以上であり、太陽系全体が余裕で入ってしまう巨大さだ。

　M87の中心部から強い電波が放射されているということは、天の川銀河のいて座A*と違って、周りに大量の物質があることを意味する。ガスやちり状の物質がブラックホールの周りを回転しながら、ブラックホールへ落ちていき、そのときに強い放射を出す。回転軸の方向へ物質がほぼ光速に近い速さで放出されているのだ。

M87の中心部と、そこからビーム状に放射された物質
画像：NASA and The Hubble Heritage Team（STScI/AURA）

　このような特徴は天の川銀河のような通常の銀河にはない特徴であり、非常に活発な活動性を示している。このような銀河を活動銀河と呼ぶ。

7.4 いろいろな形をした銀河

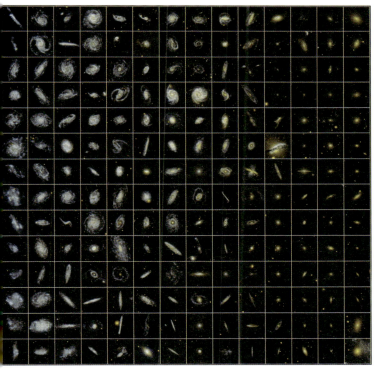

いろいろな形をした銀河の数々 画像：NASA/JPL-Caltech

　私たちの周りにはいろいろな形をした銀河がたくさんある。私たちの天の川銀河やアンドロメダ銀河のように、渦巻き模様のある円盤状のものもあれば、M87のように円盤を持たず、全体が楕円状をしたものもある。銀河の形は実にバラエティに富んでいて、1つひとつが個性を持っている。

ハッブルの音叉図。これらの銀河の他、不規則銀河が知られている

　こうした多様な銀河の形がどのようにしてできたのかは、なかなか面白い問題だ。宇宙ができて最初の頃に、物質が集まることによって銀河のもとになった。集まった物質の中から星が生まれて小さめの銀河ができた。比較的大きな銀河は、小さな銀河が合体して作られてきた。最初の銀河ができた環境や、合体の経緯など様々な要因が絡み合い、これほどの多様性を持っているのだ。人間がその生い立ちや環境によって1人ひとり違った個性を持っているように、銀河も1つひとつ違った個性を持っている。

　銀河の種類は大まかには、天の川銀河やアンドロメダ銀河のような円盤状の渦巻銀河と、M87のように楕円形をした楕円銀

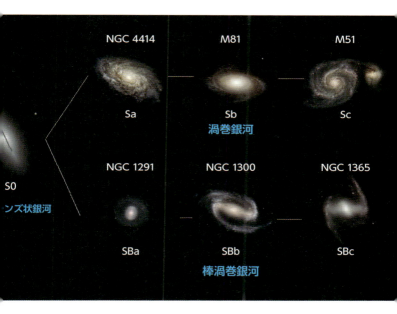

河、そしてマゼラン銀河のように典型的な形に収まらない不規則銀河、の3種類に分けられる。渦巻銀河は渦の形状によっていくつかの種類に分けられ、楕円銀河はそのひしゃげ具合によっていくつかの種類に分けられる。エドウィン・ハッブルはこれを音叉図(おんさず)というもので表した。

　私たちの1G宇宙船に乗って、おとめ座銀河団にある銀河を巡るのも楽しいかもしれない。だが、1つの目的地に行く往路だけで35年ほどかかり、そこから別のところを回るとまた何十年もかかるので、複数の目的地を設定すると帰ってこられなくなる。注意が必要だ。別の銀河系に移住するつもりで出かけるしかない。

7.5 おとめ座超銀河団、グレートアトラクター

　銀河団よりも大きな構造として、超銀河団というまとまりが考えられている。これは複数の銀河団や銀河の群れが集まったものである。天の川銀河はマゼラン銀河やアンドロメダ銀河など近くにある銀河とともに、局所銀河群という群れをなしている。銀河群とは、数10個程度の銀河の集まりのことだ。

　局所銀河群の付近には他にいくつもの銀河群があり、おとめ座銀河団とともに、おとめ座超銀河団という超銀河団を構成している（おとめ座銀河団とおとめ座超銀河団は、名前が紛らわしいが区別する）。おとめ座超銀河団は、差し渡し1億光年ほどの大きさをしている。

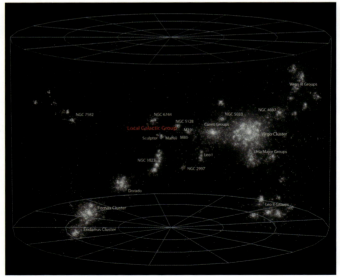

おとめ座超銀河団

また、地球から見ると天の川に隠されて見えにくい場所に、グレートアトラクターと呼ばれる天体がある。そこには周りの銀河が重力によって引っ張られているので、何か重いものが存在しているとわかる。見えにくい場所にあるのでその正体もはっきりしないのだが、じょうぎ座銀河団という銀河団を中心とする場所にあるようだ。その距離は地球から2億2000万光年ほどであり、1G宇宙船で往復すると75年ほどかかる。

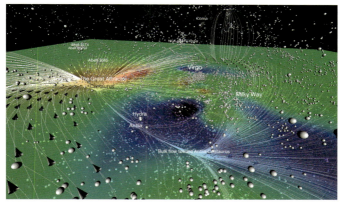

グレートアトラクター周辺の銀河の動き

画像：H.M.Courtois et al. ApJ, 146:69（2013）

グレートアトラクターを中心として、天の川銀河を含むおとめ座超銀河団や、近くにあるうみへび座・ケンタウルス座超銀河団などいくつかの超銀河団をまとめて、ラニアケア超銀河団と呼ぶことが提案されている。これは、10万個ほどの銀河が差し渡し5億2000万光年の範囲に集まった集団となる。この名称が定着すれば、おとめ座超銀河団はラニアケア超銀河団の部分的な構造に成り下がることになる。

私たちのいる天の川銀河が属する構造としては、ラニアケア超

銀河団が最大である。観測可能な宇宙には、他にも多くの超銀河団が見つかっている。したがって、宇宙の中で住所表示をするとすれば、「ラニアケア超銀河団 局所銀河群 天の川銀河 太陽系 地球 日本（あなたの都道府県以下の住所）」となるだろう。

私たちの住所は
「ラニアケア超銀河団 局所銀河群 天の川銀河 太陽系 地球〜」

7.6 宇宙の大規模構造

　銀河団は大まかに球状あるいは楕円状をしていて、1つのまとまった天体と言ってよい。だが超銀河団となると、細長かったり平べったかったりして、あまりまとまった形をしていない。これは、超銀河団が「宇宙の大規模構造」という、より大きく複雑な宇宙構造の一部をなしているためである。

　右ページの図は、多数の銀河の位置を丹念に調べて示したものである。天の川銀河を中心として半径約20億光年の領域が表されていて、1つの点が1つの銀河の位置に対応する。銀河の描かれていない黒いところは、観測されていない部分だが、そのような場所も他の部分と同様に銀河が分布していると考えられる。

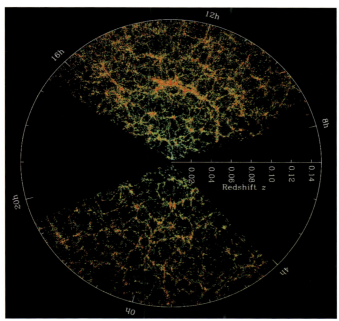

観測プロジェクト「スローン・デジタル・スカイ・サーベイ」によって得られた銀河の空間分布
画像：M. Blanton and SDSS

　このような図上では、銀河が多く集まっている領域が超銀河団に対応する。超銀河団同士は孤立しているわけではなく、シート状もしくはフィラメント状をした構造でつながり合っているようなところもある。銀河があまりない領域も見られ、ボイド（空洞）と呼ばれている。銀河は全体として一様にバラバラと存在しているわけではない。こうした全体的な銀河の分布構造を、宇宙の大規模構造と呼ぶ。

　銀河があまり見られないボイドに注目すると、多くの銀河はボイドを取り囲むように存在している。こうした宇宙の大規模構造の特徴は、宇宙の泡構造とも呼ばれている。

こうした宇宙の大規模構造ができる理由は、宇宙の最初にあった微小なゆらぎが増幅したためである。重力の作用により、宇宙初期の微小なゆらぎは成長して大きなゆらぎになる。物質の濃い部分にはますます物質が集まっていくため、密度のコントラストが大きくなるのである。

　大規模構造の作られる様子をコンピュータ・シミュレーションによって再現することもできている。下の図はそうしたシミュレーションによって作られた現在の宇宙の様子を表している。1つの大きな銀河団の周りにある大規模構造の一部が見られる。ここに示されたのは物質の空間分布とガスの空間分布であるが、銀河はこれらが集まっているところに存在する。

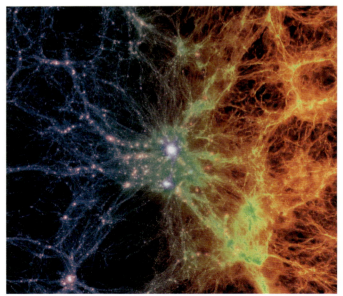

コンピュータ・シミュレーションによって宇宙の大規模構造を再現したもの。左側は物質の空間分布を表し、右側はガスの空間分布を表している　　　　　画像：Illustris Collaboration

7.7 観測可能な宇宙の果て

　光を使って見える宇宙には限界がある。宇宙が始まってから38万年頃まで、光は物質に阻まれてまっすぐ進めなかった。その後、光がまっすぐ進めるようになると、その頃宇宙を満たしていた光はそのまま直進して私たちのところまでやってくる。これが、光を使って私たちに観測できる最古の宇宙だ。観測可能な宇宙の果てをほぼ表していると言ってよい。この光は宇宙の膨張により電波になって観測され、宇宙マイクロ波背景放射と呼ばれている。

宇宙マイクロ波背景放射の温度パターン　　画像：ESA and the Planck collaboration, D.P.George

　上の図は宇宙マイクロ波背景放射の温度パターンを表したものだ。球の中心に私たちがいて、球の半径は約460億光年であ

る。この球の表面に見えている色は、中心にいる私たちから観測された電波のわずかな温度差を表している。この温度差は、宇宙ができてから38万年頃の宇宙の様子を伝えてくれる情報である。この頃の宇宙にはゆらぎがあり、そのゆらぎは現在の宇宙の大規模構造や、銀河、星など、すべての天体を作るおおもとになったのだ。

　私たちの1G宇宙船どころか、他のどんな移動手段を使ったとしても、光速を超えない限り、この光が出た場所である460億光年先まで行くことは不可能だ。なぜなら、現在の宇宙は膨張がどんどん速くなっていて、たとえ光速でまっすぐ進んだとしても、今160億光年先に見えているところよりも向こう側へは行けないからである。

　もしどうしてもその先に行きたければ、ワームホールのような時空間を近道できるトンネルが必要だ。だが、おそらく観測可能な宇宙の先に行っても、あまり変わったことはないかもしれない。私たちの周りと同じような宇宙が延々と広がっているだけだと思われるからである。

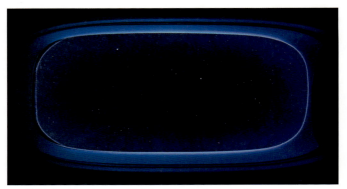

460億光年先に行っても、同じような宇宙の景色が広がっているはず

8 宇宙はどこまで広いのか

8.1 海の向こうには

　私たち人間は、自分の知っている世界が世界のすべてだと思う傾向にある。そして、それ以外のものは存在しないと考えがちだ。

　例えば、地球が丸いと知らなかった人たちは、海の向こうに何が存在すると思っていただろうか。よくあったイメージは、海をまっすぐ進んでいくと、あるところで途切れ、その先には海水が滝のように流れ落ちている、というものだ。

　このように、海がどこまでも続いているわけではないと思えば、その先に別のものがあると考える必要もない。海の向こうに何か未知の世界があるとすると、漠然とした不安に駆られる。

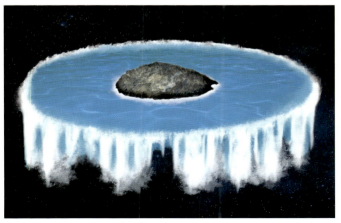

昔の人が想像したかもしれない宇宙の姿

ある日そこからとんでもない災難がやってくるかもしれないからだ。何もないと信じていた方が心安らかに日々を過ごせる気がする。

　宇宙の果てには何があるのか、という現代的な疑問は、昔の人が海の果てには何があるのか疑問に思うのと基本的には一緒だ。私たちは昔の人々よりは少し広い視点から宇宙を眺めることができるだけで、単に昔よりもスケールアップした果てについて思いを巡らせているだけなのだ。

8.2　人間は自分の場所を中心に考える

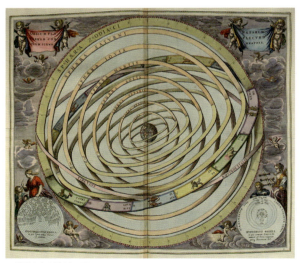

天動説を表す模型の図

　人間には、自分の住んでいる場所が宇宙の中心だと考える傾向がある。海の果てには滝があるわけではなく、海をずっと進んでいくと他の陸地にぶつかる。海はすべてつながっているこ

とがわかると、世界とは地球のことになった。すると今度は地球が宇宙の中心だと考えた。空に見える天体はすべて地球を中心にして回転しているという、いわゆる天動説だ。

ヨーロッパ世界ではコペルニクスによって天動説が覆され、地球が太陽の周りを回るという地動説が正しいことがわかった。すると今度は、太陽が宇宙の中心だと考えたのである。地動説とは、太陽中心説であったのだ。

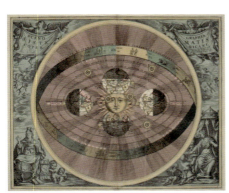

ニコラウス・コペルニクス
（肖像画）

地動説を表す図

太陽中心説では、太陽の周りを惑星が周回しているとされ、その他の星々ははるか遠方にある球面に張り付いているものと見なされがちだった。これに反して、イタリアの哲学者ジョルダノ・ブルーノは、恒星の周りを惑星が周回しているのは太陽系に限ったことではなく、宇宙全体に同様の構造があると主張した。だが残念なことに、当時はまだ天動説に立っていたカトリック教会によって異端とされ、火刑に処せられてしまった。

惑星でない恒星までの距離が測られるようになってくると、太陽は天の川銀河に数ある星の1つであることが明らかになっていった。最初は太陽が天の川銀河の中心だと考えられた。だが、観

測が進むにつれてそうでないことがわかった。太陽は天の川銀河の中心から外れたところに位置していたのである。すると今度は、天の川銀河が宇宙の中心という見方が生まれたのである。

だが、アメリカの天文学者エドウィン・ハッブルの発見によって、それまで星雲とされていたもののいくつかは、天の川銀河とは別の銀河であることが明らかになった。天の川銀河も宇宙の中心ではなかったのである。

こうして、宇宙の中にはどこにも中心がないことになった。

ジョルダノ・ブルーノ（銅像）

エドウィン・ハッブル

8.3 宇宙はどこにあるのか

宇宙の中には中心と呼べる場所がないことがわかったが、では、私たちが住んでいる宇宙というのはどんな場所にあるのだろう。私たちの周りには宇宙空間がずっと広がっていて、観測可能な範囲を超えたところに何があるかはうかがいしれない。

もしかしたら、ずっと先は行き止まりになっていて、壁のようなものがあるのではないか、と考えてしまう。その意味では、海の向こうに何があるのかわからない昔の人が、海のずっと先は滝になっていると想像したのと何ら変わりはないと言えるだろう。

　もしかすると、地球の表面を飛行機でまっすぐ進むときのように、いずれ元の場所に戻ってきてしまうかもしれないし、あるいは、本当に壁のように何かを隔てるものがあって、そこから先は別世界になっているかもしれない。理論的にはどんな可能性を考えることもできるが、行きもしないで想像しているだけでは真実を知るのは難しい。

　だが、宇宙の果てに何があるのかを想像するだけではまだ視野が狭いと言える。それはちょうど、地球の表面だけを考えて、その果てに何があるのかを想像しているのに似ている。地球の表面というのは2次元の平面だ。地球には上下方向という別次元があり、そこには地下世界と天上世界が広がっている。

私たちの宇宙はどこにあるのか？

　宇宙の場合も同じで、宇宙の果てに何があるのかを想像するのは、自分の住んでいる空間がどこまで広がっているのかを想

像しているにすぎない。私たちには気づけない別の次元、もしくは別の宇宙が存在するかもしれない。

地球上という2次元の世界を離れて3次元空間を考えれば、天上世界には無数の恒星があり、無数の惑星がある。地球の上だけで考えていても、そのような世界に気づくことはないのだ。

同じように、私たちの住んでいる宇宙という3次元空間を伸ばしていった先に何があるのかを考えるだけでは視野が狭い。人間は自分の住んでいる宇宙が世界のすべてだと思う傾向があることを思い出そう。私たちの住んでいる3次元空間とは別の次元、もしくは別の宇宙があるのではないだろうか。あるいは、人間の直感では及びもつかない宇宙の姿が隠されているかもしれない。

だが現時点では、私たちに観測可能な宇宙を超えた別の次元、別の宇宙があるという兆候はないので、そこから先の話は理論的な推測になる。

8.4　宇宙が無限に広かったら

この宇宙はどこまで広がっているのだろう。観測可能な宇宙は半径460億光年だが、その先にも宇宙が広がっていない理由はない。だが、どこまで空間は続いているのだろう？

私たちの周りには星や銀河、銀河団、超銀河団などがあり、その1つひとつはバラエティに富んでいるが、超銀河団よりも大きな視点で眺めると、宇宙のどこでも似たような大規模構造が広がっている。つまり、宇宙の大きな視点では、どこを見ても同じような場所なのだ。

このことを延長して考えると、私たちに観測可能な半径460億光年の宇宙の先にも、やはり同じような宇宙が広がっている

8.5 無限はどんな数よりも大きい

無限を示す記号「∞」

　無限と口にするのは簡単だが、実際にはそれは途方もないことだ。単にすごく大きい、というのとはわけが違う。どんなに大きな数を言ったとしても、無限に比べればゼロに等しいのだ。

　読者はどれほど大きな数を知っているだろうか。普通の生活でよく聞くのはせいぜい100兆ぐらいまでだろう。日本の国家予算が100兆円ほどだ。1兆の1万倍が1京。その先は1万倍ごとに、1垓、1秭、1穣、1溝、1澗、1正、1載、1極、1恒河沙、1阿僧祇、1那由他、1不可思議、1無量大数、となる。1無量大数は1の後ろに続くゼロの数が68個にもなる。つまり、1無量大数とは、

100000000000000000000000000000000000000000000000000000000000000000000

である。

のことである。1つの銀河に含まれる原子の数がだいたいこれくらいだ。

このように大きな数を表す数詞をどこかで聞いたことがあるだろう。これらは江戸時代に出版された『塵劫記』という書物に書かれている。1無量大数などという数は決して日常生活では使うことがないほど大きな数だが、何のために必要だったのだろうか。そんな大きな数であっても、無限に比べればゼロに等しいのである。

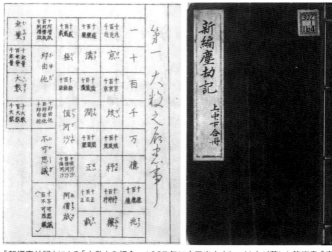

『新編塵劫記』による「大数」の紹介。1627年に吉田光由(みつよし)が著した算術書『塵劫記』はベストセラーとなり、昭和の頃までさまざまな編書が刊行された。この版では無量大数が無量と大数の2つに分割されている

所蔵:国立国会図書館

ちなみに、仏教の華厳経にはさらに大きな数詞が記されている。こちらは1万倍ごとに名前がつけられる方式ではなく、それとは別のシステムだ。1000万のことを1倶胝と呼び、1倶胝を1倶胝倍した数、つまり1倶胝の2乗を1阿庾多という。さら

に1阿㮰多の2乗を1那由他という（この那由他は塵劫記における那由他とは別の数）。

さらに2乗することを繰り返していくことにより、頻波羅、矜羯羅、阿伽羅、最勝、摩婆羅、阿婆羅、多婆羅などと、カッコいい名前が延々と続いていき、全部で123個もの数詞が書かれている。1つ進むごとに数が2乗されるので、次々と莫大な数になっていく。

その最後に記されている数詞は不可説不可説転というものだ。1不可説不可説転とは、1の後ろにゼロが

37,218,383,881,977,644,441,306,597,687,849,648,128個

もつくという、とんでもない数になっている。こんな数で表す必要のあるものは、観測可能な宇宙の中には存在しない。観測可能な宇宙にある原子の数でさえ、1の後ろにゼロが80個ぐらいしかつかない。

ところが、1不可説不可説転であっても、やはり無限に比べればゼロに等しいのだ。さらに例えば、1不可説不可説転を1不可説不可説転回掛け合わせた巨大な数を考えたとしても、それでも無限に比べればゼロに等しい。無限というのは、考えうる限りのどんな大きな数よりも大きいのだ。とにかく無限というのは、想像を絶する数であることは間違いない。いや、厳密に言えば無限は数ですらない。無限はどんなに大きな数を使っても表すことができず、通常の数とは本質的に異なるものなのである。

8.6　無限に広い宇宙には何があるか

無限に広い宇宙を考えるということは、そういうことだ。尋常ではない大きさの宇宙、という言葉では表しきれない、それ

以上のもの。1不可説不可説転ですらゼロに等しくなってしまうほどの広さ。そこではどんなことでも起こり得る。もし宇宙が無限に広かったら、地球と同じような環境が必ずどこかにある。それは気が遠くなるほど遠いところだろうが、無限の前にはどんなに遠いところも存在するのだ。

その別の地球もどきには、私たちの地球と全く同じものもあるし、ほんの少し違うものもある。そこには読者と全く同じ人間がいる場合もあるし、ほんの少しだけ違った人間がいる場合もある。

地球に似た環境というだけでなく、地球からの半径460億光年内の観測可能な宇宙すべてが同じになるような場所もある。それも1つや2つではなく、やはり無限個あることになる。そんな、私たちに観測可能な宇宙と瓜二つの宇宙は、私たちのいるところからどれくらい離れたところにあるだろうか。

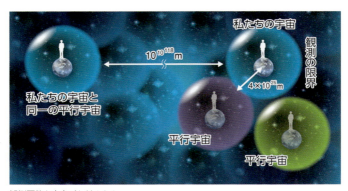

観測可能な宇宙がたくさんある

Max Tegmark, Scientific American April 14, 2003の図をもとに作成

アメリカの物理学者マックス・テグマークの見積もりによると、メートルで表して1の後にゼロを10の118乗個続けて書い

た数に等しい。これは1不可説不可説転よりもはるかに大きな数で、言い換えれば、1不可説不可説転を3乗した個数のゼロを1の後ろに並べて書いた数にだいたい等しい。もし宇宙が無限なら、こんな想像を絶するという言葉ですら表せないほど大きな距離でさえも、全体からすればゼロに等しいのだ。

このように、もし宇宙が無限に広がっているとすると、ちょっと考えにくいことが起きる。もし、瓜二つの観測可能な宇宙が無限個あったとして、それらは別のものと言えるのだろうか。そのすべてで同じ出来事が進行するので、もはや遠く離れた宇宙で現実が重なり合っていると言えるのではなかろうか。

しかも、瓜二つの宇宙が無限個あるだけでなく、ほんの少しずつ違う宇宙も無限個ある。読者と全く同じ人間が、どこか信じられないほど遠くに無限の人数いて、ちょっとだけ違った人間も無限の人数いる。姿かたちは同じだが、違った運命を生きている人間も無限の人数いる。宇宙が無限に広がっていたとしたら、そんな奇妙な結論が導かれる。

8.7　この宇宙に多重の現実が存在する可能性

無限の宇宙を考えなくても、私たちは以前に、この宇宙に現実が多重に存在する可能性に突き当たった。ワームホールなど過去へのタイムトラベルが可能になった場合の話だ。量子力学の多世界解釈に基づくもので、現在から過去へ戻って現在を変えようとすれば、その人は別の現在につながる別の現実へ分岐してしまうという解釈だ。

この場合は、同じ宇宙の中に無数の別世界が共存していることになる。同じ時間と空間を共有していながら、お互いの存在に気がつかないのだ。

2つの世界が重なっていても、無関係ならばお互いの存在に気づかない

　同じ時間と空間を共有しつつも、その存在に気がつかないのは不思議なことではない。日常生活では2つの物体が同じ時間と空間を共有することはないが、それはその2つの物体がお互いに作用を及ぼし合うからだ。2つの物体を同じ場所へ置こうとしても、ぶつかってしまって置くことはできない。これは、物体というのが原子でできていて、その間に電気の力が働くためである。

　だが、電気の力を感じないものであれば、容易に物体をすり抜けることができる。私たちがよく知っている物体はすべて原子でできているので、そのような状況を経験することはない。だが、この世界にはニュートリノという粒子があり、これは電気の力を全く感じない。

　実は、ニュートリノはこの世界に満ちあふれているのだ。読者の目の前にも無数のニュートリノが飛び回っている。その数は、角砂糖ほどの体積あたり300個以上もある。そして、私たちの体を1秒あたり数千兆個ほども通過している。

　それでも私たちが何も感じないのは、ニュートリノが電気の力を受けずに、何事もなかったかのように体をすり抜けてしま

うからだ。これほどの粒子が私たちの体と同じ時間や空間を共有していても、私たちにとっては何もないのと同様なのだ。

ニュートリノの場合は、電気の力は感じないが、別の極めて弱い力を感じることが知られている。このため、特殊な実験をすることで、初めてその存在が知られるようになった。

だが、電気の力やニュートリノの感じる力を含めて、いかなる力も感じないのであれば、そこに何があろうと私たちには感知できない。この世界が多重に存在していても、私たちがそれを全く感知できないのであれば、それに気がつくこともない。

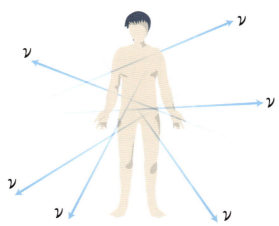

体の中を無数のニュートリノ（ν）が突き抜けているが、人間は気づかない

8.8 量子力学が示す多重宇宙

複数の現実がお互いの存在を感知できずに独立に存在することは可能だが、お互いに存在に気がつくことができなければ、それはないも同然である。だが、ないも同然ということと、本

当にないこととは違う。

　例えばブルーノの時代、宇宙には太陽系のようなものが無数にあるといっても、それを確かめる手段がない時代にあっては、やはりそれはないも同然だったのだ。だが、現在では望遠鏡などの観測装置が飛躍的に発達したため、太陽系のような天体は宇宙に満ちあふれていることがわかっている。

　複数の現実が共存している可能性があるといっても、現在のところはそれを確かめる手段がない。確かめる手段がなければ、それを考えても意味がないかもしれないが、現在の技術でできないからといって、将来にわたってできないとは限らない。

　量子力学の多世界解釈による多重宇宙の存在を確かめるには、過去へ戻るタイムマシンが役立つかもしれない。この場合には、人間を過去へ送り込む必要はない。ポルチンスキーのパラドックスに対応する実験を素粒子レベルで行うことができれば十分だろう。

　微小なワームホールを作成して、そこへ素粒子を通過させ、自分自身と衝突させるような実験を何度も行ってみよう。量子力学の確率的な性質により、その実験の結果いろいろなことが起きるだろうが、もし、ワームホールへ入っていった素粒子が過去のワームホール出口から出てこなければ、その粒子は別世界へ行ってしまったことになる。また、過去の出口から素粒子が出てきても、現在の入口に入らなければ、出てきた素粒子は別世界からやってきたことになる。

　実際に複数の世界が共存していて、それらの存在にお互いが気づけないとすると、私たちが見ている世界は、本当の世界の姿のごく一部を切り取って見ているだけということになる。それは奇妙なことであるが、人間が自分を中心にものを考える傾向が

あることを思い出せば、そういうこともあり得るかもしれない。

量子力学の多世界解釈がひどく奇妙であることは事実だが、ブルーノの時代に太陽系のようなものが無数に存在するという主張もやはりひどく奇妙に思われたことを思い出そう。私たちの住んでいる宇宙が唯一のものだという考えは、人間がいつも自分を中心に世界を捉えようとする傾向の延長線上にある。

観測ができない別の世界が本当にあるかどうかは、確かめてみるまでわからないが、少なくとも、この世界が唯一のものだという前提が必ずしも正しくないかもしれないということは、心にとどめておく必要があるだろう。

8.9　宇宙は膨張している

この宇宙はどうしてこんなに広いのだろう。宇宙は膨張しているので、今でも宇宙はどんどん広くなり続けている。宇宙の膨張という考え方は、慣れていないとわかりにくい。宇宙が膨張するというのは、読者にとって疑問の宝庫かもしれない。

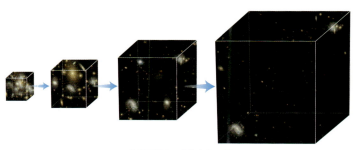

宇宙膨張の一般的なイメージ

宇宙が膨張していると聞くと、何か箱のようなものを思い浮かべて、その箱が大きくなっていく様子を想像するかもしれな

い。だが、このイメージをそのまま受け取ると、いくつかの疑問が湧いてくるだろう。

まず、この箱の外側に向かって宇宙が膨張しているように感じられるが、その外側に何もないわけではない。この箱は宇宙の一部分を切り出してきたことを意味しているので、その先にも空間が広がっている。膨張する前にそこに何か空間以外のものがあったわけではない。空間自体があらゆる場所から湧き出しているのである。

現在の宇宙の膨張率はそれほど速くはない。1億年あたり長さがわずか1％弱増えるにすぎない。この長さの膨張のため、遠方にある銀河はすべて私たちから遠ざかって見える。

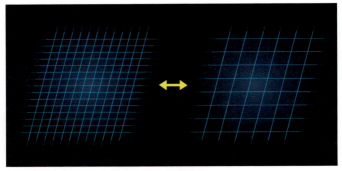

無限の空間をいくら縮小しようと拡大しようと、無限は無限

宇宙は膨張しているので、昔の宇宙は相対的に小さかった。「相対的に」という意味は、現在の宇宙において特定の範囲の体積を切り出して考えたとき、その体積が昔ほど小さいということである。宇宙全体の体積が無限であれば、無限をいくら小さくしても無限であることに変わりはない。宇宙の膨張は、相対的な体積比について意味がある。

8.10 どこも同じような構造をしているのはなぜか

　現在の宇宙は膨張しているが、それだけではこの宇宙がこれほど広い理由をうまく説明できない。特に、宇宙には中心と呼べるような場所はなく、大規模構造を超えるような大きさで平均してみると、どこも同じような場所になっている。これを「宇宙の一様性」という。

　観測可能な宇宙はどこも同じような構造をしている。宇宙の正反対の方向を観測可能な限界である460億光年先まで見ても、そこは同じような場所になっているということだ。これは不思議なことだ。そんなに離れた場所を同じような状態にするには、過去にその間で情報がやり取りされなければならない。情報がやり取りされなければお互いに全く無関係であり、同じような状態になれるはずがないからだ。

　現在観測されているゆるやかな宇宙膨張が宇宙の始まりからずっと続いてきたとすると、460億光年離れた場所とは、現在になって初めて情報がやり取りされるようになったのだ。にもかかわらず、私たちから見て正反対の方向を460億光年先まで見ると、差し渡し920光年離れたところが同じような状態になっていることがわかる。これはおかしなことなのだ。

8.11 インフレーション理論

　この問題を解決する考え方がインフレーション理論だ。インフレーションとは、急膨張を意味する。宇宙の最初期の頃に、現在とは比べものにならないほどの空間の急膨張が起きたとする仮説だ。その原因については諸説あって結論は出ていないものの、宇宙の一様性を説明できる有望な説とされている。

宇宙初期にインフレーションがあれば、この宇宙がなぜこれほど広い範囲で一様なのかも理解できるようになる。一言で言えば、微小な宇宙を信じられない急膨張によって大きく引き伸ばしたのだ。その膨張の速さは尋常ではない。人間の感覚ではゼロにも等しいような時間、

　0.0000000000000000000000000000000001秒

の間に、宇宙の大きさが長さの尺度で

　1000000000000000000000000000000000000000倍

になるというくらいのものだ。現在の膨張は1億年でようやく長さにして1%未満しか増えないのと比べれば、インフレーションがいかに破天荒な膨張かがわかるというものだろう。

　インフレーション理論が正しければ、宇宙のかなり初期の段階で急激な膨張が起きたのかもしれない。インフレーション理論は広くて一様な宇宙を作り出すのだが、宇宙の全体像という意味では、少し面食らうようなことも示唆する。それは、インフレーションの起き方がどこでも同じではないということだ。

＊ ただし、インフレーション理論の詳細は確定していないので、上の数字はあくまで一例である。

8.12 インフレーション理論と多重宇宙

　インフレーション理論を詳しく調べる上で、量子力学の原理が重要な役割を果たす。その原理によれば、すべての場所を全く同じように膨張させることはできない。場所によって急膨張の量に差が出るのだ。実はこれが、現在の宇宙に大規模構造を作り出したり、銀河や星を作り出したりすることにもつながるので、インフレーション理論の利点でもある。

　だが、観測可能な宇宙の範囲を超えた、もっとずっと大きな尺度で見ると、私たちのいる場所では急膨張が終わっているの

に、遠く離れた他の場所では急膨張がもっと長く続いたり、いまだに急膨張が続いていたり、ということも起きる。私たちの周りでは急膨張が終わり、そのずっと向こう側で急膨張が続いていると、急膨張の続いているところは私たちの宇宙から切り離されてしまい、事実上別の宇宙になってしまう。

そんな調子で、いたるところに別宇宙と見なされる領域が無数にできてしまうのだ。これが、インフレーション理論が導く多重宇宙の可能性である。インフレーションの終わった領域も無数にあるし、いまだにインフレーションを続けている場所も無数にある。

しかも、この多重宇宙の生成は、量子力学の効果である上に、観測できない宇宙のことであるから、量子力学の多世界解釈の意味で、重ね合わせ状態になっている可能性がある。場所的に離れたところにも別宇宙があり、さらに量子力学の多世界解釈による別宇宙があるという、二重の意味で多重宇宙になっている可能性があるのだ。その別宇宙の数はべらぼうに多い。

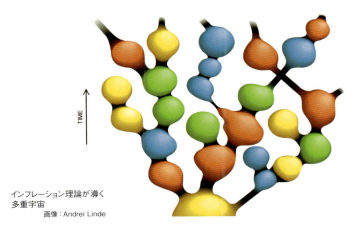

インフレーション理論が導く
多重宇宙
　　画像：Andrei Linde

第3部

ここまで読んできた読者には、宇宙が1つしかないという考えがなんだか怪しく思えてきたかもしれない。膨大な数の、いや、もしかしたら無限個の宇宙のうちの1つが私たちの宇宙なのかもしれない。そもそも私たちのいる宇宙そのものも気が遠くなるほど大きいのに、さらに気が遠くなるほどの数の別宇宙があるとしたら……。

気が遠くなりすぎて一周してしまい、また自分中心の世界観に戻ってしまいたくなる。なぜなら、観測もできないような宇宙をたくさん考えることに何の意味があるのかわからなくなってくるからだ。

9 時空を超えたその先には

9.1 人間原理の宇宙論

　コペルニクスが考えたように、人間のいる場所は宇宙の中心ではない。さらには、どこにも宇宙の中心となる場所はない。したがって宇宙は平均的にどこにも特別な場所はなく、また特別な方向というものもない。このことを宇宙の一様等方性と呼ぶ。宇宙論の研究では、宇宙の一様等方性をいろいろな考察の原理として考えるのが標準的であり、それを「宇宙原理」と呼ぶ。宇宙原理は宇宙の観測事実をとてもよく説明できるのだ。

　人間が宇宙の中心にいないということは、人間は宇宙において取るに足りない存在だということだろうか。確かに人間はちっぽけな存在だ。だが、宇宙を理解できるという、とてつもない能力を持っている。

　人間とは宇宙にとってどんな存在なのだろう。人間がいてもいなくても、宇宙は存在するのだろうか。それとも人間の存在は宇宙にとって本質的なものなのだろうか。

　これに関しては「人間原理」というものが考えられている。人間を宇宙の中心に引き戻すような考え方だ。もちろん、宇宙原理を覆すことはできないので、人間のいる場所が宇宙の中心というわけではない。そうではなく、人間が存在することが宇宙にとって本質的な役割を果たしている、という考え方が人間原理だ。

　人間原理という言葉を使い出したのは、物理学者ブランドン・カーターだ。彼は、コペルニクス生誕500周年を記念したシンポジウムでこの考えを披露した。それ以来、人間原理について

賛否両論が繰り広げられてきた。

人間原理とは、この宇宙には人間のような知性ある生命体が存在するべきとする考え方だ。人間がいなければ宇宙は人間に観測されることがないので、当然ながら観測される宇宙には人間がいる。つまり、観測される宇宙には人間が生まれる条件が揃っていなければならない。

人間原理を提案したブランドン・カーター

当然といえば当然だが、このことを原理として、ものごとを考えていこうというのだ。原理というのは様々な考察の基礎になるもののことで、それがなぜ成り立つのかという理由は問わない。とにかく、人間がこの宇宙に存在する、その事実をもとにしてこの宇宙の性質を理解できるとするのが、人間原理の考え方だ。

9.2 生命に必要な炭素と酸素がこの宇宙にある理由

宇宙の性質を調べれば調べるほど、なぜか人間などの生命にとってとても都合よくできていることが明らかになっている。例えば、生命を構成する遺伝子やタンパク質が機能するのには、ある程度複雑な構造を持つ原子の性質が本質的な役割を果たしている。

炭素や酸素がなければ生命は機能しない。だが、現実の宇宙と少し異なる宇宙を考えると、水素とヘリウムという簡単な作りの原子しかできず、炭素や酸素がほとんど存在しない状態になってしまうことが知られている。

宇宙はビッグバンから始まったが、最初は水素とヘリウムと

いう単純な原子しか作られなかった。それより複雑な原子は、水素とヘリウムを原料にして星の中などで作られたのだ。

　天文学者フレッド・ホイルは、星の中でヘリウムが3つ集まって炭素が作られることを見出したが、そのために必要な条件はとても不思議なものだった。炭素原子の物理的な性質を表す数値（励起エネルギー準位と呼ばれるもの）が、炭素原子を作るのに必要なちょうどよい値になっていたのである。

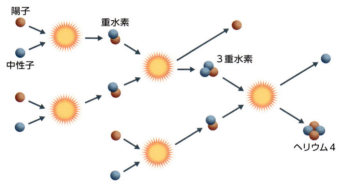

ビッグバンで水素とヘリウムが合成される経路の典型例

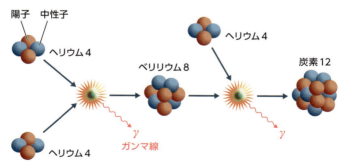

星の中でヘリウムから炭素が作られるトリプルアルファ反応

少しでもその値がずれていれば、宇宙に炭素原子はできなかった。また、炭素原子ができなければ、酸素などのさらに重い元素もできなかったのである。炭素原子のエネルギー準位がそのちょうどよい値である理由には自然な説明がない。物理法則の中には、理論的にはどんな値でもかまわない定数が含まれていて、それが炭素のエネルギー準位を決めているのである。本来はどんな値でもよかったのに、実際の値はちょうど炭素が作られるように微調整されていたのだ。

ホイルがこの反応を理論的に調べたときには、炭素のエネルギー準位がその値を本当に持っているかどうかわからなかった。だが、この宇宙に炭素が存在しているから、という理由で、炭素のエネルギー準位がその値になることを予言したのだ。その予言に基づいて実験したところ、まさに予言通りのエネルギー準位が見つかったのである。

ホイルがこの予言をしたときには、まだ人間原理という言葉はなかったが、これは人間原理による予言であったと言える。炭素は人間が生きるのに必須の元素だからだ。人間が存在するから、自然はこれこれの性質を持たなければならない、という予言が見事的中したことになる。人間原理が実際に役に立った例というのはそれほど多くはないが、このホイルの予言については人間原理の有用性を具体的に示す例となっている。

9.3 弱い人間原理と強い人間原理

カーターは、人間原理を2種類考えた。弱い人間原理と強い人間原理だ。

弱い人間原理は、私たちが宇宙の中で特別に生命の生存に適した場所にいることを意味している。例えば、宇宙の年齢は

138億年である。物理学者ロバート・ディッケは、これが10億年でもなければ1000億年でもないのには理由があると考えた。

10億年程度では、炭素や酸素が星の中で作られてから宇宙空間にばらまかれるのに要する時間が足りない。また、1000億年も経てば、宇宙にある星は古くなりすぎて、太陽のような恒星はなくなり、また地球のような惑星もそれほど長期間にわたって安定した公転を続けられないだろう。

どちらにしても、今の地球のような環境は宇宙に存在しなくなるので、現在の宇宙の年齢が100億年前後であると人間が観測するのは当然だと考えられる。これが弱い人間原理の例だ。

弱い人間原理のもっとわかりやすい例は、人間が生きている場所が地球の表面に限られる理由だ。地球の中心から地面までの間では自由に動き回れないので、知的生命の活動には適さない。上空へ行けば足場がなくなり、下へ落ちてしまう。もっと上空へ行って宇宙へ出れば、空気がなくなり生きられない。人間が生きられる時間的範囲や空間的範囲には制限があるというだけのことで、弱い人間原理はしごく当然のことである。

人間は地球の表面でしか生きられない

一方、炭素原子のエネルギー準位に関するホイルの予言は、強い人間原理に属する。炭素原子の性質というのは、宇宙の時間や場所を問わず、どこでも同じである。現在の地球付近だけで特別にその性質を持つわけではない。このように、宇宙全体で共通の性質を持つ値について、なぜその値になっているのかを説明しようとするのが強い人間原理なのである。

9.4 強い人間原理を弱い人間原理にする多重宇宙

　強い人間原理が成り立つ理由を考えるとき、宇宙が1つしかないとすれば、宇宙が人間を作り出すために存在するとか、人間が存在することで宇宙が存在できる、などというような、理解しがたい考えに導かれる。だがここで多重宇宙が、強い人間原理の理解を容易にする。宇宙が無数にたくさんあると考えて、その1つひとつの宇宙が少しずつ違った性質を持っていると考えるのだ。

　生命の誕生する条件はかなり厳しいと考えられるので、ランダムに選んだほとんどの宇宙には、生命が誕生していないだろう。だが、いくら確率が小さくても、無数の異なる宇宙があれば、そのどこかに生命を誕生させている宇宙があるに違いない。私たちがいるということは、少なくともそういう宇宙が1つはあるということだ。そういう特別な宇宙に私たちが住んでいると考えれば、私たちの宇宙が生命の誕生に特に都合よく作られていることに、何の不思議もない。多重宇宙全体を大きな宇宙と考えれば、その中で私たちが生命にとって特別に都合のよい場所にいるというだけのことになるからだ。これはもはや、弱い人間原理の考え方と一緒だ。こうして、十分な数の多重宇宙があれば、強い人間原理と弱い人間原理の区別がなくなり、しごく当たり前のことになる。

9.5 多重宇宙だけが答えではない

多重宇宙を認めるならば、人間原理の問題もわかりやすく理解できる。だが、現状では多重宇宙の存在が確認できないので、今のところ多重宇宙は純粋に理論的なものだ。つまり、誰にも証明はできていないため、今のところは信じるも信じないも読者次第、というところがある。はっきりしてくれ、と思うかもしれないが、現状ではどうにもしようがない。

果たして人間原理は多重宇宙の存在を間接的に示しているのだろうか。それとも、宇宙に生命が生まれる理由はもっと別の真実とともにあるのだろうか。

もしかすると、多重宇宙は机上の空論かもしれない。多重宇宙を直接的に観測することが原理的にできないとしたら、そのような宇宙が存在すると言ってよいのだろうか。このように考えると、果たして存在とはなんなのだ、という哲学的な問いに発展する。

存在とはなんなのかという哲学的問題は、物理学と無縁ではない。この問題は、1920年代に量子力学が完成した頃に大きく取りざたされた。物理的な存在が観測と無関係ではないことを量子力学が明らかにしたからだ。

この考えを宇宙全体にまで押し広げてよいものかはっきりしていないが、物理学者ジョン・アーチボルト・ホィーラーによると、宇宙自体が観測と無関係ではないという。宇宙を観測する観測者が現れて初めて宇宙が存在できるという考え方だ。

この考え方によると、人間のような観測者が現れないような宇宙はもとより存在しないのだという。過激なところもあってあまり賛同者は多くないが、ホィーラーは量子力学や相対性理

論に造詣が深い有名な学者であり、その言葉には重みがある。この考え方は、多重宇宙に頼らずに強い人間原理を解釈するものでもあり、「観測者参加型人間原理」と呼ばれている。

また、ホィーラーはこの考えの延長として、宇宙自体が観測者の情報処理の過程で出てくる見かけ上のものにすぎないのだという考えを提案している。ものごとの本質は情報がすべてであって、人間が現実世界だと思っているものは、実は人間が思っているようには存在していないのだという。

ホィーラーが観測者参加型人間原理を表すために用いた図。宇宙Uはその中で観測する者がいて初めて存在できるという

9.6 イット・フロム・ビット

ホィーラーは最初、量子力学の多世界解釈を支持していた。多世界解釈は、ホィーラーの学生であったヒュー・エヴェレット3世が最初に考え出したものである。エヴェレットの論文が学術雑誌に掲載されたとき、ホィーラーはそれを支持する記事を書いて、同じ号に同時に掲載された。

だが、その後ホィーラーはだんだん多世界解釈から離れていった。観測できない世界を無数に考えることには意味がないと考えるようになったようだ。そして、先ほど述べた、ものごとの本質は情報がすべてである、という考え方に到達した。

ホィーラーはこの考えを、「イット・フロム・ビット」(it from

bit）という言葉で表した。ビットというのは0か1を表す基本的な情報のことである。コンピュータで扱われる情報はすべてビットを単位にして表される。

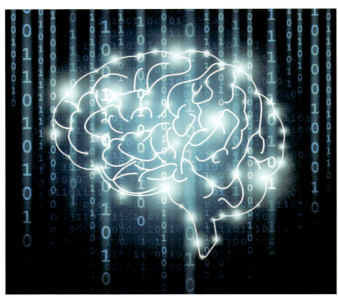

世界のすべてはビットで表される情報だけでできている?

　スマートフォンの契約をするとき、3GBとか10GBとか、ひと月あたりの通信量を選ぶ。この単位「GB」はギガバイトと読み、1GBは1,073,741,824バイトのことだ。中途半端な数なのは2進数がもとになっているためで、2の30乗を表している。そして1バイトとは8ビットのことである。したがって1GBとは8,589,934,592ビットのことなのだ。0か1かという情報を約86億個集めた情報量ということになる。

　このように、情報というものはビットの組み合わせで表現で

きる。ホィーラーは情報がこの世界を作り出していると考えたので、イット・フロム・ビットという言葉により、ビットがすべてを作り出していると言いたかったのだ。

ホィーラーの考えが正しければ、多重宇宙の存在を考える必要はない。なぜなら、人間が見ている世界の姿は情報、すなわちビットから出てくる見かけ上のものであるからだ。多重宇宙どころか、私たちの住んでいるこの世界すらも存在していない。私たちにとって存在しているように見えていても、その実体はビットで表される情報でしかないというのだ。

そこには物質が存在しないだけでなく、時間や空間すらも存在しない。人間が知覚するすべては、脳による情報処理の結果であって、それが実際の宇宙の姿をそのまま捉えている必要はない。

9.7 人はシミュレーション・ワールドに住んでいる？

1999年に公開された『マトリックス』という映画がある。20年近くも前の映画だが、その世界観は現代的なコンピュータ社会の行き着くかもしれない脅威を暗示している。キアヌ・リーブスが扮する主人公は、コンピュータによって作られた仮想世界に生かされていたのだ。

コンピュータによる人工知能が急速に進みつつある現在、この映画が示唆するような世界が現実のものになる可能性がないとは言えない。前に述べた、2045年頃に来るのではないかと言われている技術的特異点（p.34）のことだ。最悪のシナリオでは、コンピュータが自分で作り出した悪い人工知能が、人間を支配しようとしてしまうかもしれない。そして、人間はコンピュータによって駆逐されてしまうかもしれない。

もしかすると、実はすでにそれが起きているのかもしれない。私たちが宇宙だと思っているのは、実は何らかのコンピュータがシミュレーションによって作り出した仮想的な存在だという可能性である。私たちはこのシミュレーション・ワールドに住んでいて、本当は実在していない世界に生かされているだけなのかもしれない。

　少し怖いが、超越した知性が私たちの世界をシミュレーション・ワールドとしてプログラミングしたという可能性を否定できなくなってしまう。もし、観測可能な宇宙に含まれるすべての情報を処理できるような、宇宙を超越する超高性能のコンピ

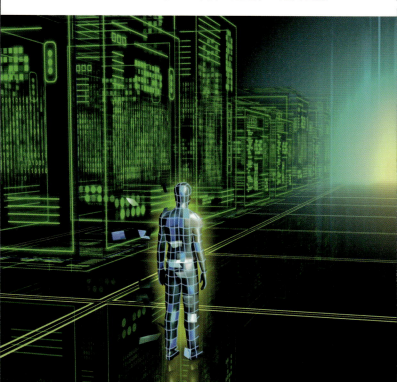

ュータがあれば、そんなことも可能だ。私たちの宇宙がそうでないと証明することは誰にもできない。そうであると証明することもできないかもしれないが。

　私たちの世界は物理法則にしたがって動いていて、私たちの宇宙の中では、物理法則はどこでも普遍的に成り立つ。なぜ私たちの宇宙にそんな秩序立った普遍的な法則があるのか不思議だが、それがシミュレーション・ワールドのためにプログラミングされたものだったとしたら……。

9.8　すべては情報処理の結果にすぎない?

　プログラミングしたと言うと、何か意思を持った神様のような存在を思い浮かべるかもしれないが、必ずしもその必要はない。私たちが知っている宇宙の姿とは全く異なる「何か」があって、その「何か」が自動的に宇宙をシミュレーションしてしまっているという可能性もある。

　例えば、私たちの世界でも人工知能が新しい人工知能を作り出し、人間が関与しなくても自然にどんどん高度な人工知能が生み出されていく可能性がある。それと同じように、その「何か」もいつの間にか自然と複雑な情報処理ができるようになったとすれば、そこに何か意思を持った神様のような存在は必要ない。

　その「何か」は時間や空間を超越していると

人はシミュレーション・ワールドに住んでいるのかもしれない

思われるので、私たちが思い浮かべるような、時系列に沿って計算するコンピュータとはだいぶ異なるはずだ。時間や空間やその中にある物質もすべてがその「何か」によって生み出された情報の中に包み込まれている。それがホィーラーの言うイット・フロム・ビットの姿なのかもしれない。

9.9 時空を超えたその先には

ここまで、観測可能な宇宙を超えたその先に何があるのかを考えて、無限に広がる宇宙から多重宇宙、果てはシミュレーション・ワールドまで、いろいろな可能性を考えてきた。結局のところ、すべては推測の域を出ない。時空を超えたその先に何があるのか、それは現代の科学における知識の限界への挑戦だ。

現在観測可能な宇宙は地球から見て半径460億光年の範囲に限られていて、その先に何があるか、さらには時空を超えた先に何があるかを実際に知ることはできない。将来それを知ることができるようになるためには、観測不可能な領域をなんとか観測できるようにすることが不可欠であろう。

理論的に頭の中だけで考えることも重要だが、本当に理解するためには、それを実際に確かめることが必要不可欠だ。例えばワームホールを作る技術を開発するなど、飛躍的な進歩が望まれる。

現在の観測技術の限界を打ち破る新しい原理の発見などによって、観測不可能な領域を観測可能にすることができれば、私たちの知識も大きく広がるに違いない。時空を超えたその先に何があるのか、予想もつかない姿を見せてくれる日が来ることを願いつつ、今は想像の翼を広げて胸をときめかせておくことにしよう。

付録　相対論的な宇宙船での往復旅行を計算

　本文中では、宇宙の遠くにある場所へ行くため、目的地までの前半を１Ｇで加速し後半を１Ｇで減速する宇宙船、すなわち「１Ｇ宇宙船」と名づけたものを繰り返し考えた。ここでは、本文中に出てきた所要時間など、数値の根拠となる計算に興味がある読者のため、数式を用いた説明をする。数式に興味のない読者は、ここを読まなくても本文を楽しむのには差し支えない。

　この１Ｇ宇宙船での旅行を年単位で行うと、宇宙船の速さが光速に近づいて相対性理論の効果がきくようになってくる。するとウラシマ効果により、宇宙船内にいる人と地球に残った人の時間経過にずれが生じる。それぞれの時間経過の量は、相対性理論によって計算できる。ここでは、具体的にそれらを求めるための計算式を示し、また、それをグラフ化してみる。

　まず、地球から往復旅行する目的地までの距離をxとする。往路は中間地点まで（距離０から$\frac{x}{2}$まで）を加速度gで加速しながら進み、その先（距離$\frac{x}{2}$からxまで）は加速度$-g$で減速しながら進んで、目的地で止まる。復路は地球に向かって加速度gで中間地点まで進み、その後は逆の加速度で減速して地球で止まる。ただしこの加速度は、宇宙船に乗っている人が感じる加速度である。地球上から見ると、宇宙船は光速度cを超えることがないので、光速度に近づくにつれて徐々に加速しなくなっていく。

　この往復旅行に必要な地球上での経過時間tと、宇宙船に乗って旅する人の経過時間Tとの関係を相対性理論によって計算した結果は、

$$t = \frac{4c}{g} \sinh\left(\frac{gT}{4c}\right) \qquad \cdots\cdots (1)$$

となる。また、旅行者が往復時間 T を費やすとき、到達できる目的地までの距離は、

$$x = \frac{2c^2}{g}\left[\cosh\left(\frac{gT}{4c}\right) - 1\right] \qquad \cdots\cdots (2)$$

となる。ただし c は真空中の光速度であり、さらに $\sinh z = \frac{e^z - e^{-z}}{2}$、$\cosh z = \frac{e^z + e^{-z}}{2}$ はそれぞれ双曲線正弦関数および双曲線余弦関数と呼ばれる関数である。

上の式(1)、(2)から次の式が導かれる。

$$t = 2\sqrt{\frac{x^2}{c^2} + \frac{4x}{g}} \qquad \cdots\cdots (3)$$

$$T = \frac{4c}{g}\ln\left(1 + \frac{gx}{2c^2} + \frac{g}{2c}\sqrt{\frac{x^2}{c^2} + \frac{4x}{g}}\right) \qquad \cdots\cdots (4)$$

ただし $\ln$ は自然対数を表す関数である。これらの式により、目的地までの距離 x が与えられたときに地球上での経過時間と旅行者の往復時間が求められる。これらの計算式は往復の移動にかかる時間を計算するものである。目的地での滞在時間がある場合は、単純にこれらの往復時間に加えればよい。

距離 x が十分に小さく、$x \ll \frac{c^2}{g}$ が成り立つ場合には、上に与えられた式から $t \cong T \cong 4\sqrt{\frac{x}{g}}$ となる。この場合はウラシマ効果がきかずに時間はほとんどずれず、ニュートン力学を使っても同じ結果が得られる。つまり、ウラシマ効果がきいて時間のずれが顕著になるのは、距離が $\frac{c^2}{g}$ 程度よりも遠いところへ行く場合だ。加速度 g が地球の重力加速度 $1G$ に等しい場合、この距離 $\frac{c^2}{g}$ は1光年程度になる。それより十分に遠いところへ行く場合、式(3)は $t \cong \frac{2x}{c}$ となり、移動中ほとんどの時間は光速に極めて近い速さで進んでいることになる。

上記の式は、単位を揃えておきさえすればどんな単位系でも成

り立つ。本文中では時間を「年」、距離を「光年」の単位で表した。この単位では光速度が $c = 1$［光年毎年］となり、加速度の大きさ1Gは $g = 1.0323$［光年毎年毎年］となる。これらの数値を式(1)〜(4)に代入すると、本文中で使われている数値が導かれる。

図A-1は、式(1)から導かれる宇宙船内での経過時間と地球上での経過時間をグラフ化したものだ。縦軸が対数になっていることに注意しよう。数年程度の旅行で地球上の時間が目に見えて速く進むようになり、5年程度以上の旅行では地球上の時間が宇宙船内に比べて指数関数的に速く経過することがわかる。10年の旅行では地球上の時間が2.5倍ほど速く進み、20年の旅行ではそれが17倍速、30年では150倍速になる。旅行時間を10年増やすと、進む時間は桁違いに増えていく。

図A-2には、式(3)、(4)から導かれる、目的地までの距離 x と往復にかかる地球上および宇宙船内での時間 t、T をグラフ化したものが示されている。縦軸と横軸が対数になっていることに注意しよう。1光年程度を境にして、宇宙船内の時間と地

図A-1 相対論的な宇宙船を使い、その船内の時間で T 年かかる往復旅行をしたときに、地球上で経過する時間 t と宇宙船内で経過する時間 T を比較したグラフ

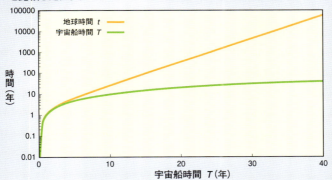

球上の経過時間が大きく離れていくことがわかる。

　ただし、10億光年を超えるところへ行く場合には、先の計算には含まれていない宇宙膨張の効果が無視できなくなってくる。遠方宇宙が遠くへ向かって逃げていってしまうためだ。しかも現在の宇宙は加速しながら膨張しているために、光速で追いかけても膨張に追いつけない限界の距離がある。それは現在の宇宙で測って160億光年ほどだ。その先には、どんなに速い宇宙船でどんなに時間をかけようとも到達することができない。この距離は、宇宙の「事象ホライズン」と呼ばれている。

　同じ理由で、あまり遠くへ行きすぎると、いくら時間をかけても地球に戻ってこれなくなる。宇宙の膨張により、往路の距離よりも復路の距離の方が長くなり、目的地から帰ろうとしたときに、地球が事象ホライズンの外へ出てしまうためだ。また、この宇宙船で10億光年先へ行って戻ってくるには、人の一生に相当する80年が必要になる。地球に戻ってきたいのなら、この宇宙船の目的地は10億光年以上先に設定しない方がよいだろう。

図A-2　相対論的な宇宙船を使って、距離 x 光年の目的地まで往復するのにかかる年数

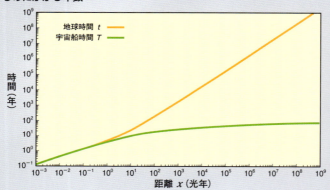

索　引

数字・英字

1G　23、102、185
BFR　95
M78星雲　136
M87星雲　138
NASA　29、90

あ

アインシュタイン　14、45
アポロ計画　90
アンドロメダ銀河　133
イーロン・マスク　92
イゴール・ノビコフ　67
イット・フロム・ビット　179
いて座A*　129
インフレーション理論　167
ヴァージン・ギャラクティック　92
渦巻銀河　142
宇宙原理　172
宇宙の一様性　167
宇宙の大規模構造　146
宇宙マイクロ波背景放射　149
ウラシマ効果　14、103、134、185
浦島太郎　15、102
ウルトラマン　136
エウロパ　99
エキゾチック物質　56
エドウィン・ハッブル　143、154
エネルギー準位　174
エンケラドゥス　99
おとめ座銀河団　138
おとめ座超銀河団　144
親殺しのパラドックス　64

か

カール・セーガン　55
海王星　100
核融合ラムジェット・エンジン　30
カシミール効果　57
火星　94、106
観測可能な宇宙
　　146、156、182
技術的特異点　34、181
キップ・ソーン　56、67
局所銀河群　144
金星　96、106

グレートアトラクター　145
ケプラー90星　114
ゲンラシン・パダルカ　18
国際宇宙ステーション　18、89
コペルニクス　153、172

さ

ジェフ・ベゾス　92
時間順序保護仮説　65
シミュレーション・ワールド　182
シャルル・メシエ　138
じょうぎ座銀河団　145
小マゼラン銀河　132
ジョセフ・ポルチンスキー　67
ジョルダノ・ブルーノ　153
ジョン・アーチボルト・ホイーラー
　　178
塵劫記　158
人工知能　33、181
水星　96、106
水素　30、173
スティーブン・ホーキング　65
スペースX　92
赤色矮星　105
創造の柱　119
相対性理論
　　14、45、102、178、185

た

大マゼラン銀河　132
タイムマシン
　　11、13、45、65、164
楕円銀河　138
多重宇宙　163、177
多世界解釈　79、161、179
地球の重力加速度　23、186
地動説　153
強い人間原理　175
電子　20、75
天動説　152
天王星　100
土星　97
ドラえもん　11、58
トラピスト1星　110

な

ニュートリノ　20、162

人間原理　172
人間の自由意志　84
ノビコフの自己無矛盾原理　67

は

はくちょう座X1　125
ハッブルの音叉図　142
ハビタブル・ゾーン　106
パラレル・ワールド　11、79
パルサー　122
ヒュー・エヴェレット3世　179
不規則銀河　142
ブライス・ドウィット　62
ブラックホール　52、65、125、139
ブランドン・カーター　172
ブルー・オリジン　92
フレッド・ホイル　174
プロキシマ・ケンタウリ　105
プロキシマb　105
ベテルギウス　116
ボイド　147
ポルチンスキーのパラドックス
　　66、164

ま

マーズワン　95
マックス・テグマーク　160
無限　24、69、156、170
無重力　23、89
ミュー粒子　19
冥王星　100
木星　97

や・ら

弱い人間原理　175
ラニアケア超銀河団　145
リチャード・ブランソン　92
量子力学
　　55、65、75、161、178
レイ・カーツワイル　34
ロナルド・マレット　61
ロバート・ディッケ　176

わ

ワームホール
　　54、65、150、161、184
わし星雲　119

189

《 参考文献 》

キップ・S・ソーン著『ブラックホールと時空の歪み—アインシュタインのとんでもない遺産』
(林 一・塚原周信訳、白揚社、1997年)

C・W・ミスナー、K・S・ソーン、J・A・ホィーラー著『重力理論』(若野省己訳、丸善出版、2011年)

J・リチャード・ゴット著『時間旅行者のための基礎知識』(林 一訳、草思社、2003年)

真貝寿明著『図解雑学 タイムマシンと時空の科学』(ナツメ社、2011年)

スティーブン・W・ホーキング著『時間順序保護仮説』(佐藤勝彦監訳、NTT出版、1991年)

ポール・デイヴィス著『タイムマシンをつくろう!』(林 一訳、草思社、2003年)

マックス・テグマーク著『数学的な宇宙』(谷本真幸訳、講談社、2016年)

松原隆彦著『現代宇宙論』(東京大学出版会、2010年)

ミチオ・カク著『サイエンス・インポッシブル』(斉藤隆央訳、NHK出版、2008年)

レイ・カーツワイル著『ポスト・ヒューマン誕生:コンピュータが人類の知性を超えるとき』
(井上健訳、NHK出版、2007年)

ロナルド・L・マレット、ブルース・ヘンダーソン著『タイム・トラベラー』
(岡由 実訳、竹内 薫監修、祥伝社、2010年)

J. D. Barrow, *Living in a simulated universe*, in Universe or Multiverse?, B. Carr (ed.), Cambridge University Press, 2007

P. Davies, *Universes galore: where will it all end?*, in Universe or Multiverse?, B. Carr (ed.), Cambridge University Press, 2007

J. A. Wheeler, *Information physics, quantum; The search for links*, in Complexity, Entropy, and the Physics of Information, SFI Studies in the Sciences of complexity, vol. VIII, W. H. Zurek (ed.), Addison-Wesley, 1990

図版提供

iStock.com/Allexxandar (p.6), CC BY-SA 2.0 Ricardo Liberato (p.39), CC BY-SA 3.0 Mean as custard (p.48), iStock.com/the-lightwriter (p.50), iStock.com/Rost-9D (p.54, book jacket), iStock.com/MATJAZ SLANIC (p.56), CC BY-SA 4.0 Ronald L Mallett,Research Professor of Physics, University of Connecticut (p.61), iStock.com/3000ad (p.109), CC BY-SA 3.0 Dave Jarvis (p.117), CC BY-SA 2.5 Ute Kraus,Physikdidaktik Ute Kraus,Universität Hildesheim,Tempolimit Lichtgeschwindigkeit/Axel Mellinger (p.131), CC BY-SA 3.0 Fernando de Gorocica (p.142), CC BY-SA 3.0 Andrew Z. Colvin (p.144), iStock.com/forplayday (p.150), Sergey Nivens/stock.adobe.com (p.170), CC BY-SA 1.0 Cortesia del propio Brandon Carter (p.173), Andrea Danti/stock.adobe.com (p.182)

著者プロフィール

松原隆彦(まつばら たかひこ)

1966年、長野県生まれ。京都大学理学部卒業、広島大学大学院理学研究科博士課程修了。博士(理学)。東京大学大学院理学系研究科 助手、ジョンズホプキンス大学物理天文学科 研究員、名古屋大学大学院理学研究科 准教授などを経て、高エネルギー加速器研究機構 素粒子原子核研究所 教授。専門は宇宙論(宇宙の構造形成と進化、観測的宇宙論の基礎理論、統計的宇宙論、宇宙の大規模構造、重力レンズ、宇宙背景放射ゆらぎなど、観測による検証が可能な宇宙論を中心とする理論的研究)。著書に、『宇宙の誕生と終焉』(サイエンス・アイ新書)、『宇宙に外側はあるか』『目に見える世界は幻想か?』(光文社)、『現代宇宙論』『宇宙論の物理 上・下』(東京大学出版会)などがある。

本文デザイン・アートディレクション:近藤久博(近藤企画)
イラスト:とら(近藤企画)、中村知史
校正:曽根信寿

サイエンス・アイ新書
SIS-420

http://sciencei.sbcr.jp/

私たちは時空を超えられるか
最新理論が導く宇宙の果て、未来と過去への旅

2018年10月25日　初版第1刷発行

著　者　松原隆彦
発行者　小川　淳
発行所　SBクリエイティブ株式会社
　　　　〒106-0032　東京都港区六本木2-4-5
　　　　営業：03(5549)1201
装丁・組版　近藤久博(近藤企画)
印刷・製本　株式会社 シナノ パブリッシング プレス

乱丁・落丁本が万が一ございましたら、小社営業部まで着払いにてご送付ください。送料小社負担にてお取り替えいたします。本書の内容の一部あるいは全部を無断で複写(コピー)することは、かたくお断りいたします。本書の内容に関するご質問等は、小社科学書籍編集部まで必ず書面にてご連絡いただきますようお願い申し上げます。

©松原隆彦 2018 Printed in Japan ISBN 978-4-7973-8899-2